わくわくストーリードリル

どうぶつのふしぎ

小学校低学年

監修
青山由紀　小菅正夫

ナツメ社

もくじ

はじめに

散歩《さんぽ》中《ちゅう》のイヌが、さまざまなもののにおいをかぐようすを見《み》て、ふしぎに思《おも》ったことはありませんか？

このように、わたしたちのみのまわりには、ふしぎなことがたくさんあります。このドリルには、みなさんが「ふしぎだなあ」とぎもんに思《おも》うことについて、みじかいお話《はなし》が十五《じゅうご》のっています。

それぞれのお話《はなし》の題名《だいめい》が「もんだい（とい）」になっています。下《した》にあるもんだいをときながら、答《こた》えを見《み》つけてください。また、「もっと知《し》りたい！　どうぶつのこと」をヒントに、きょうみをもったふしぎについて、図書室《としょしつ》の本《ほん》などほかの本《ほん》でも、ぜひしらべてみてください。

筑波大学附属小学校国語科教諭《つくばだいがくふぞくしょうがっこうこくごかきょうゆ》　青山《あおやま》 由紀《ゆき》

この本《ほん》でしょうかいするどうぶつたちは、みなさんがよく知《し》っているどうぶつばかりです。でも、ネコのヒゲのはたらきや牛乳《ぎゅうにゅう》のできかたなど、きっと知《し》らないこともたくさんあると思《おも》います。

もしも、お話《はなし》を読《よ》む中《なか》で「自分《じぶん》はこう思《おも》う」と考《かんが》えたことや、「それなら、あのどうぶつはどうなんだろう？」とふしぎに思《おも》ったことがあったら、そのページにメモをしておいて、あとでふかくしらべてみてください。きっと、知《し》れば知《し》るほど、どんどんわからないことやぎもんに思《おも》うことが出《で》てくると思《おも》います。それがおもしろいのですよ、どうぶつって。

獣医師《じゅういし》、旭川市旭山動物園元園長《あさひかわしあさひやまどうぶつえんもとえんちょう》　小菅《こすげ》 正夫《まさお》

この本《ほん》のつかいかた

❶お話《はなし》を読《よ》もう

どうぶつにまつわるいろいろなお話《はなし》がのっているよ。1日《にち》1話《わ》を読《よ》んでみよう。

わくわくストーリードリル

1 イヌが、よくにおいをかぐのは、どうして？

とりくんだ日　月《がつ》　日《にち》
はじめた時間　時《じ》　分《ふん》
おわった時間　時《じ》　分《ふん》

イヌは、いろいろなものに鼻《はな》を近《ちか》づけて、くんくんとにおいをかぎますね。どうして、あんなに、においをかぐのでしょうか。

さんぽ中《ちゅう》、でんしんばしらの近《ちか》くを通《とお》りかかると、イヌは立《た》ち止《ど》まって、ていねいににおいをかぎます。

これはでんしんばしらについた、おしっこのにおいをかぐことで、どんなイヌがここにおしっこをかけたのか、たしかめているのです。

また、ほかのイヌと出会《であ》ったときに、おしりのにおいをかぎあうことがあります。おしりにある、「こうもんせん」から出《で》るにおいをかぐと、あいてがどういうイヌかわかるからです。おしりをかぎあうことで、おたがいに、じこしょうかいをしているのです。

イヌのばあい、目《め》で見《み》る力《ちから》よりも、鼻《はな》でかぐ力《ちから》のほうが、ずっとすぐれています。だから、イヌはにおいをかいで、いろいろなことを知《し》ろうとしているのです。

できると すごい！

❶イヌは、でんしんばしらについた、なんのにおいをかいでいますか。□に合《あ》うことばを書《か》きましょう。

❷イヌは、でんしんばしらについたにおいをかいで、何《なに》をたしかめていますか。一《ひと》つに○をつけましょう。

ア　そこがどんなばしょか。
イ　どんな人《ひと》がそこを通《とお》ったか。
ウ　どんなイヌがおしっこをかけたのか。

❸どうすることで、イヌはおたがいにじこしょうかいをしていますか。□に合《あ》うことばを書《か》きましょう。

□をかぎあうこと。

❹イヌが、よくにおいをかぐのはなぜですか。（　）に合《あ》うことばを書《か》きましょう。

いろいろなことを（　　　）としているから。

次《つぎ》のページで答《こた》えあわせをしよう

9　8

❷もんだいをとこう

お話《はなし》を読《よ》みおわったら、下《した》のもんだいにチャレンジしてみてね。むずかしいもんだいがあったら、お話《はなし》をもう1回《かい》、はじめから読《よ》んでみよう。

もんだいをときおわったら

14話《わ》をときおわったら、さいごのスペシャルもんだいもやってみよう！

キャラクターしょうかい

お話《はなし》を読《よ》んだら
どうぶつにくわしく
なれるかな？　わくわく！

わくまる

とってももの知《し》りな、なぞの生命体《せいめいたい》。
ちきゅうのいろいろなことを知《し》りたがっている。
もちもちしている体《からだ》は、じゆうにのばすことができる……らしい。
答《こた》えのページではアドバイスをしてくれるよ。

③答《こた》えあわせをしよう

もんだいの次《つぎ》のページに答《こた》えがのっているよ。おうちの人《ひと》といっしょに、答《こた》えあわせをしてみよう。

答《こた》えが書《か》かれているところに線《せん》を引《ひ》いているよ。わくまるのアドバイスも見《み》てみよう。

赤《あか》い文字《もじ》や丸《まる》が答《こた》えだよ。自分《じぶん》の答《こた》えとくらべてみてね。

答《こた》えあわせがおわったら

⑤パズルのマスをぬろう

答《こた》えのひらがなが書《か》いてあるマスを、えんぴつでぬろう。15 こマスをぬりおわると、一《ひと》つの絵《え》になるよ。何《なに》ができるかな？

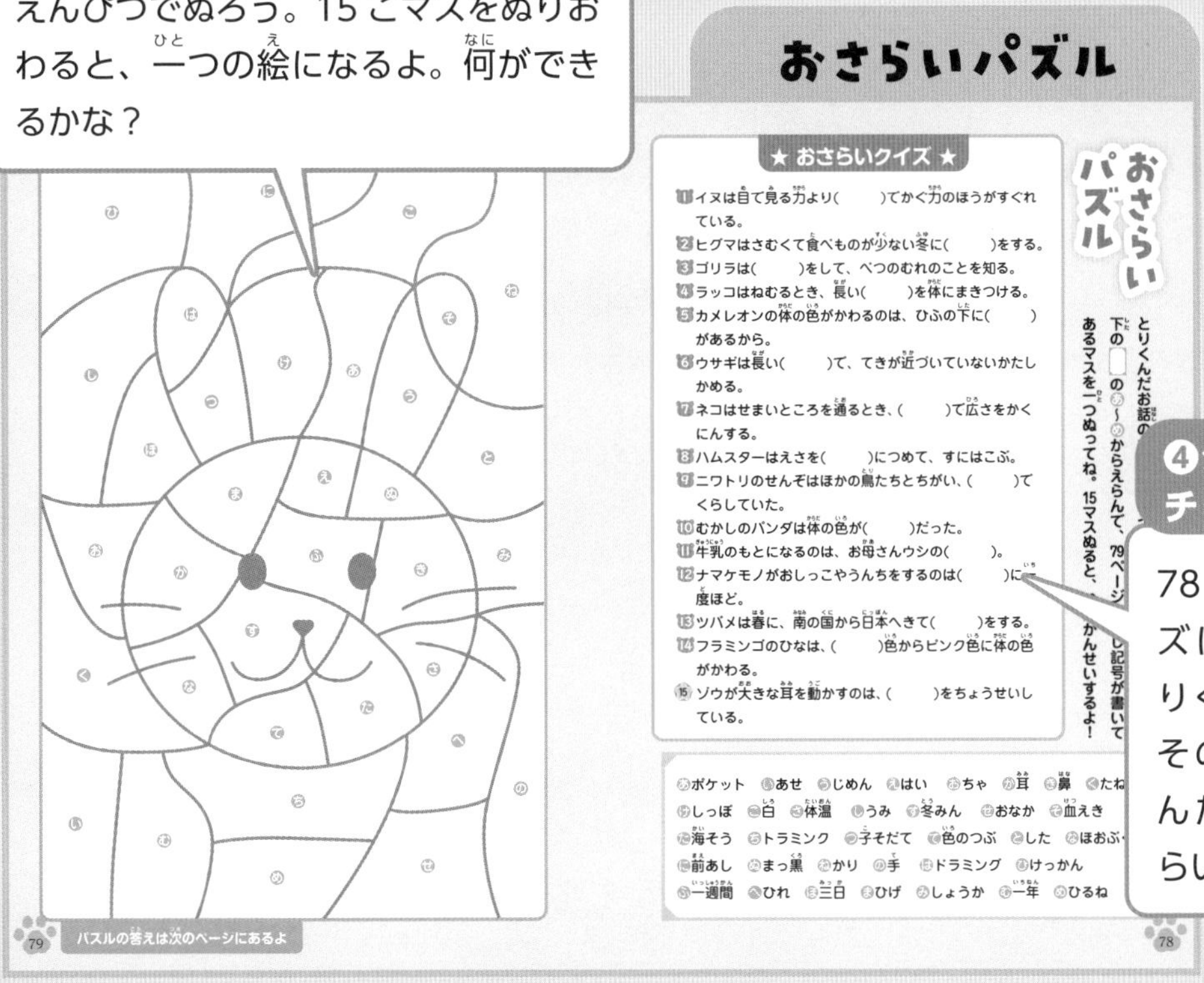

④クイズにチャレンジしよう

78 ページのクイズに1日《にち》1問《もん》とりくんでみよう。その日《ひ》にとりくんだお話《はなし》のおさらいクイズだよ。

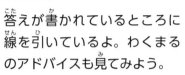

おうちのかたへ

　子どもは、身のまわりの自然や事象から「なぜ？」「不思議」を見つけるのが得意です。このような「問題発見力」や、疑問を自ら追究する姿勢や、「問題解決力」などの資質・能力を身につけることが、今求められています。

　動物にまつわるお話を読むことは、そのような資質・能力の育成に最適です。本書では、タイトルで内容に興味をもたせ、謎を解くのを楽しみながら読むことができるようになっています。ですから、すぐに問題を解かなくても構いません。タイトルの答えを見つけようと何度も読み返したり、挿絵を見たりするなど、お子様のペースで内容を理解していけばよいのです。一人で読むことが苦手なお子様には、最初は保護者がお話を読み聞かせてください。徐々に一人で読むことができるようになります。

　興味をもった話題については、他の動物の読み物の読書へと広げるようにサポートしましょう。読み慣れることで、より確かな「読む力」が身につきます。

青山 由紀

✦ドリルに取り組む流れとポイント✦

Point 1 ドリルを始める前に

まず、取り組んだ日付と始めた時間を書きます。「今日は何日かな？」「今は何時になっている？」と声をかけて、日付や時計を読む練習にしてもよいでしょう。また、お話を読む前に「ゾウのお話だって」「動物園で見たね」など、テーマについて話をするのもよいですね。

Point 2 お話を読む

動物にまつわるお話を楽しみながら読みましょう。お子様のペースを尊重して、ゆっくりでも読み進めることが大切です。挿絵も見ながら、お話の内容を理解していきましょう。

Point 3 読解問題を解く

お話を読み終わったら、下段の読解問題に取り組みましょう。お子様がドリルに慣れていない場合は、一緒に問題を解くようにするとよいですね。答えに迷ったり、わからなかったりしたときは、「お話をもう1回読んでみようか」と声をかけるなど、ていねいに寄り添うのがポイントです。

できるとすごい! がついた問題は、他と比べて少し難しい問題です。正解したら「すごい!」とほめてください。

Point 4 答え合わせをする

問題の次のページを見て、答え合わせをしましょう。答えの部分に線や囲みがついているので、まちがえた問題は指で追いながら確認するのもおすすめです。補足の知識があるものは、「おうちのかたへ」として紹介しています。答え合わせが終わったら、78ページのクイズとパズルに進みましょう。

より理解を深めるためのポイント

コラムを読む

それまでに取り組んだお話の内容や、テーマに関連した豆知識を紹介しています。5話、10話、スペシャル問題のあとに入っているので、5つのお話を終えた区切りとして読むとよいでしょう。

15話すべてが終わったら

最後のスペシャル問題が終わったら、「この本をふりかえろう」(77ページ)を見ながら、本書の振り返りや感想をお子様と話してみましょう。2週間の取り組みを通じて、お子様に生まれた興味や気づきを大切にしてください。また、本書に最後まで取り組めたことも、きちんとほめるのがよいですね。

1 イヌが、よくにおいをかぐのは、どうして？

イヌは、いろいろなものに鼻《はな》を近《ちか》づけて、くんくんとにおいをかぎますね。どうして、あんなに、においをかぐのでしょうか。

さんぽ中《ちゅう》、でんしんばしらの近《ちか》くを通《とお》りかかると、イヌは立《た》ち止《ど》まって、ていねいににおいをかぎます。

これはでんしんばしらについた、おしっこのにおいをかぐことで、どんなイヌがここにおしっこをかけたのか、たしかめているのです。

また、ほかのイヌと出会《であ》ったときに、おしりのにおいをかぎあうことがあります。おしりにある、「こうもんせん」から出《で》るにおいをかぐと、あいてがどういうイヌかわかるからです。おしりをか

とりくんだ日《ひ》

月《がつ》 日《にち》

はじめた時間《じかん》

時《じ》 分《ふん》

おわった時間《じかん》

時《じ》 分《ふん》

❶イヌは、でんしんばしらについた、なんのにおいをかいでいますか。□に合《あ》うことばを書《か》きましょう。

❷イヌは、でんしんばしらについたにおいをかいで、何《なに》をたしかめていますか。一《ひと》つに○をつけましょう。

ア そこがどんなばしょか。

イ どんな人《ひと》がそこを通《とお》ったか。

ウ どんなイヌがおしっこをかけた

ぎあうことで、おたがいに、じこしょうかいをしているのです。

イヌのばあい、目《め》で見《み》る力《ちから》よりも、鼻《はな》でかぐ力《ちから》のほうが、ずっとすぐれています。だから、イヌはにおいをかいで、いろいろなことを知《し》ろうとしているのです。

のか。

3 どうすることで、イヌはおたがいにじこしょうかいをしていますか。□に合《あ》うことばを書《か》きましょう。

□□□をかぎあうこと。

4 イヌが、よくにおいをかぐのはなぜですか。（　）に合《あ》うことばを書《か》きましょう。

いろいろなことを（　　　　）として いるから。

次《つぎ》のページで答《こた》えあわせをしよう

答《こた》えとアドバイス

イヌが、よくにおいをかぐのは、どうして？

イヌは、いろいろなものに鼻《はな》を近《ちか》づけて、くんくんとにおいをかぎますね。どうして、あんなに、においをかぐのでしょうか。

さんぽ中《ちゅう》、でんしんばしらの近《ちか》くを通《とお》りかかると、イヌは立《た》ち止《ど》まって、ていねいににおいをかぎます。

これは①でんしんばしらについた、おしっこのにおいをかぐことで、②どんなイヌがここにおしっこをかけたのか、たしかめているのです。

また、ほかのイヌと出会《であ》ったときに、おしりのにおいをかぎあうことがあります。おしりにある、「こうもんせん」から出《で》るにおいをかぐと、③あいてがどういうイヌかわかるからです。おしりをか

❶イヌは、でんしんばしらについた、なんのにおいをかいでいますか。□に合《あ》うことばを書《か》きましょう。

おしっこ

❷イヌは、でんしんばしらについたにおいをかいで、何《なに》をたしかめていますか。一《ひと》つに○をつけましょう。

ア　そこがどんなばしょか。
イ　どんな人《ひと》がそこを通《とお》ったか。
(ウ)　どんなイヌがおしっこをかけた

7行目《ぎょうめ》から
9行目《ぎょうめ》までを
よく読《よ》んでみよう。

ぼくも
カレーの
においなら
わかるんだけどな

ぎあうことで、おたがいに、じこしょうかいをしているのです。

イヌのばあい、目《め》で見《み》る力《ちから》よりも、❹鼻《はな》でかぐ力《ちから》のほうが、ずっとすぐれています。だから、イヌはにおいをかいで、いろいろなことを知《し》ろうとしているのです。

できるとすごい！

のか。

❸どうすることで、イヌはおたがいにじこしょうかいをしていますか。□に合《あ》うことばを書《か》きましょう。

おしり をかぎあうこと。

❹イヌが、よくにおいをかぐのはなぜですか。（　）に合《あ》うことばを書《か》きましょう。

いろいろなことを（知ろう）としているから。

「じこしょうかい」が出《で》てくる文《ぶん》をよく読《よ》んでみよう。

（　）の前《まえ》やうしろと同《おな》じようなことが書《か》かれている文《ぶん》をさがそう。

答《こた》えあわせがおわったら、78ページのクイズ 1 をやってみよう！

2 クマは、どうして冬《とう》みんするの？

　森《もり》や山《やま》にすむどうぶつたちにとって、いちばんきびしいきせつは冬《ふゆ》です。なぜなら、冬《ふゆ》はさむいだけでなく、食《た》べものが少《すく》なくなるからです。

　ほっかいどうにすむヒグマは、秋《あき》のうちに、木《き》の実《み》や魚《さかな》をたくさん食《た》べます。そうして体《からだ》の中《なか》に、熱《ねつ》や力《ちから》のもとになるしぼうをためておくのです。

　冬《ふゆ》になると、ヒグマは、土《つち》の中《なか》にほったあなにもぐりこみます。このあなの中《なか》で、春《はる》がくるまでの数《すう》か月間《げつかん》をねむってすごします。

　このことを、「冬《とう》みん」や「冬《ふゆ》ごもり」といいます。ためていたしぼうのおかげで、ヒグマは食《た》べなくても生《い》きていられます。おしっこやうんちもしないで、ずっとねむりつづけます。ヒグマは冬《とう》みん

できるとすごい！

1 冬《ふゆ》がいちばんきびしいきせつなのは、何《なに》が少《すく》なくなるからですか。

（　　　　）

2 冬《とう》みんとは、どういうものですか。（　）に合《あ》うことばを書《か》きましょう。

土《つち》の中《なか》にほった（　　　　）の中《なか》で、
春《はる》がくるまでの間《あいだ》、（　　　　）

することで、冬《ふゆ》をのりこえているのです。

ところが、メスのヒグマは、ねているだけではありません。この間《あいだ》に、あなの中《なか》で赤《あか》ちゃんをうんで、そだてています。ホッキョクグマのメスも同《おな》じです。でも、ホッキョクグマのオスは冬《とう》みんしません。それは、冬《ふゆ》でも食《た》べものがとれるからです。

すごすこと。

❸ヒグマやホッキョクグマのメスは、冬《とう》みん中《ちゅう》に何《なに》をしていますか。□に合《あ》うことばを書《か》きましょう。

□□□□をうんで、そだてている。

❹冬《とう》みんをしないのは、どれですか。一《ひと》つに○をつけましょう。

ア　ヒグマのオス
イ　ヒグマのメス
ウ　ホッキョクグマのオス
エ　ホッキョクグマのメス

次《つぎ》のページで答《こた》えあわせをしよう

クマは、どうして冬《とう》みんするの？

❶森《もり》や山《やま》にすむどうぶつたちにとって、いちばんきびしいきせつは冬《ふゆ》です。なぜなら、冬《ふゆ》はさむいだけでなく、食《た》べものが少《すく》なくなるからです。ほっかいどうにすむヒグマは、秋《あき》のうちに、木《き》の実《み》や魚《さかな》をたくさん食《た》べます。そうして体《からだ》の中《なか》に、熱《ねつ》や力《ちから》のもとになるしぼうをためておくのです。

❷冬《ふゆ》になると、ヒグマは、土《つち》の中《なか》にほったあなにもぐりこみます。このあなの中《なか》で、春《はる》がくるまでの数《すう》か月間《げつかん》をねむってすごします。このことを、「冬《とう》みん」や「冬《ふゆ》ごもり」といいます。

ためていたしぼうのおかげで、ヒグマは食《た》べなくても生《い》きていられます。おしっこやうんちもしないで、ずっとねむりつづけます。ヒグマは冬《とう》みん

❶冬《ふゆ》がいちばんきびしいきせつなのは、何《なに》が少《すく》なくなるからですか。

食べもの

（または「たべもの」）

3行目《ぎょうめ》の「少《すく》なくなる」の前《まえ》をさがしてみよう。

❷冬《とう》みんとは、どういうものですか。（　）に合《あ》うことばを書《か》きましょう。

土《つち》の中《なか》にほった（あな）の中《なか》で、春《はる》がくるまでの間《あいだ》、（数ヶ月間も）（ねむって）

（　）の前《まえ》やうしろのことばをよく読《よ》んで考《かんが》えてみよう。

ぼくもこたつの中《なか》で冬《とう》みんしたいなあ…

することで、冬《ふゆ》をのりこえているのです。ところが、③メスのヒグマは、ねているだけではありません。この間《あいだ》に、あなの中《なか》で赤《あか》ちゃんをうんで、そだてています。ホッキョクグマのメスも同《おな》じです。でも、④ホッキョクグマのオスは冬《とう》みんしません。それは、冬《ふゆ》でも食《た》べものがとれるからです。

ほかにも
冬《とう》みんする
どうぶつをしらべて
みようかな！

すごすこと。

③ヒグマやホッキョクグマのメスは、冬《とう》みん中《ちゅう》に何《なに》をしていますか。□に合《あ》うことばを書《か》きましょう。

赤ちゃん

をうんで、そだてている。

□のうしろのことばがヒントになるよ。

④冬《とう》みんをしないのは、どれですか。一《ひと》つに○をつけましょう。

ア　ヒグマのオス
イ　ヒグマのメス
ウ（○）　ホッキョクグマのオス
エ　ホッキョクグマのメス

おうちのかたへ

ホッキョクグマのオスが冬眠をしないのは、主食にしているアザラシやオットセイなどの動物が冬でも活動していて、捕まえて食べることが可能だからです。

答《こた》えあわせがおわったら、78ページのクイズ2をやってみよう！

3 ゴリラは、どうしてむねをたたくの？

とりくんだ日《ひ》　月《がつ》　日《にち》
はじめた時間《じかん》　時《じ》　分《ふん》
おわった時間《じかん》　時《じ》　分《ふん》

ゴリラが二本足《にほんあし》で立《た》ち上《あ》がり、自分《じぶん》のむねをたたくことを、「ドラミング」といいます。このとき、手《て》はグーの形《かたち》にはしないで、親《おや》ゆびをのぞく四本《よんほん》のゆびをそろえてたたきます。ちょうど、手《て》でたいこをたたくときのようなかんじです。

大人《おとな》のオスのゴリラがドラミングをすると、ポコポコポコポコという、たいこのような音《おと》が出《で》ます。この音《おと》は、草《くさ》や木《き》でいっぱいのジャングルの中《なか》を、二《に》キロメートル先《さき》までひびいていくのです。なぜ、ゴリラはむねをたたくのでしょうか。

ゴリラは、大人《おとな》のオスをリーダーとした、むれでくらしています。同《おな》じようなむれが、森《もり》の中《なか》にいくつかあります。あるむれのリーダーが、ドラ

❶ゴリラがドラミングをすると、どのような音《おと》がしますか。

［　　　　］のような音《おと》

❷大人《おとな》のオスのゴリラがドラミングをすると、どんな音《おと》がしますか。一《ひと》つに○をつけましょう。

ア　ジャーンジャーンジャーン
イ　ダンダンダンダン
ウ　ポコポコポコポコ

ミングをすると、その音《おと》を聞《き》いた、べつのむれのリーダーが、ドラミングでこたえます。こうして、おたがいを知《し》っておくことで、ばったり出会《であ》って、たたかいになることをさけようとしているのです。

できるとすごい!

❸ゴリラはどんなふうに、くらしていますか。（　）に合《あ》うことばを書《か》きましょう。

（　　　　）をリーダーとした、（　　　　）でくらしている。

❹むれのリーダーがドラミングをするのは、何《なに》のためですか。□に合《あ》うことばを書《か》きましょう。

□□□□になることをさけるため。

次《つぎ》のページで答《こた》えあわせをしよう

答《こた》えとアドバイス

ゴリラは、どうしてむねをたたくの?

ゴリラが二本足《にほんあし》で立《た》ち上《あ》がり、自分《じぶん》のむねをたたくことを、「ドラミング」といいます。このとき、手《て》はグーの形《かたち》にはしないで、親《おや》ゆびをのぞく四本《よんほん》のゆびをそろえてたたきます。ちょうど、手《て》でたいこをたたくときのようなかんじです。

❶❷大人《おとな》のオスのゴリラがドラミングをすると、ポコポコポコポコという、たいこのような音《おと》が出《で》ます。この音《おと》は、草《くさ》や木《き》でいっぱいのジャングルの中《なか》を、二《に》キロメートル先《さき》までひびいていくのです。

❸なぜ、ゴリラはむねをたたくのでしょうか。

ゴリラは、大人《おとな》のオスをリーダーとした、むれでくらしています。同《おな》じようなむれが、森《もり》の中《なか》にいくつかあります。あるむれのリーダーが、ドラ

❶ゴリラがドラミングをすると、どのような音《おと》がしますか。

たいこ のような音《おと》

❷大人《おとな》のオスのゴリラがドラミングをすると、どんな音《おと》がしますか。一《ひと》つに○をつけましょう。

ア ジャーンジャーンジャーン

イ ダンダンダンダン

(ウ) ポコポコポコポコ

文中《ぶんちゅう》の「〜のような音《おと》」と書《か》いてあるところをさがそう。

ドラミングの音《おと》はずいぶん遠《とお》くまで聞《き》こえるんだね!

ドラミングは
ゴリラ同士《どうし》の
合図《あいず》なんだね

ミングをすると、その音《おと》を聞《き》いた、べつのむれのリーダーが、ドラミングでこたえます。こうして、
4 おたがいを知《し》っておくことで、ばったり出会《であ》って、たたかいになることをさけようとしているのです。

できると すごい！

❸ゴリラはどんなふうに、くらしていますか。（　）に合《あ》うことばを書《か》きましょう。

（大人のオス）をリーダーとした、（むれ）でくらしている。

11行目《ぎょうめ》から12行目《ぎょうめ》までをよく読《よ》んでみよう。

❹むれのリーダーがドラミングをするのは、何《なに》のためですか。□に合《あ》うことばを書《か》きましょう。

［たたかい］になることをさけるため。

もんだいの□のうしろをよく読《よ》むと、ヒントになるよ。

おうちのかたへ

ゴリラのドラミングについて、以前は、戦いの前ぶれとして、相手を威嚇する行為だとされていました。しかし現在では、お互いの距離を把握し、群れ同士の衝突を避けるための警告だと考えられています。

答《こた》えあわせがおわったら、78ページのクイズ3をやってみよう！

4 ラッコは、ねている間《あいだ》にながされないの？

水《みず》の上《うえ》にあおむけにねころんで、いつもぷかぷかういているラッコ。貝《かい》をわって食《た》べるときも、赤《あか》ちゃんをそだてるときも、ラッコはおなかを上《うえ》にして、水《みず》にうかんでいます。

では、ねむるときはどうでしょう。ラッコはあおむけのままねむっているのでしょうか。

海《うみ》の水《みず》には、プールとちがって、ながれがあります。うきわをして、ただ海《うみ》にうかんでいると、いつの間《ま》にかながされてしまいますよね。ラッコも同《おな》じです。ねむっている間《あいだ》、ただうかんでいるだけだと、海《うみ》の水《みず》のながれにのって、遠《とお》くへながされてしまいます。

そこで、ラッコはねむっている間《あいだ》にながされな

とりくんだ日《ひ》
月《がつ》　日《にち》
はじめた時間《じかん》
時《じ》　分《ふん》
おわった時間《じかん》
時《じ》　分《ふん》

できると すごい!

1 ラッコはどのようにして、水《みず》にうかんでいますか。□に合《あ》うことばを書《か》きましょう。

□□□を□にしてうかんでいる。

2 ねむっているとき、ただ海《うみ》にうかんでいると、ラッコはどうなりますか。一《ひと》つに○をつけましょう。

ア ひっくりかえる。

イ 遠《とお》くへながされる。

いよう、こんぶなどの長《なが》い海《かい》そうを、体《からだ》にまきつけてからねむります。

海《かい》そうには根《ね》っこがあり、それが海《うみ》の中《なか》の岩《いわ》などにくっついているので、ながされることはありません。海《かい》そうはゆらゆらゆれながらも、ラッコがながされていかないよう、つなぎとめているのです。

ウ　水《みず》の中《なか》にしずむ。

3 ②のことをさけるために、ラッコは何《なに》を体《からだ》にまきつけて、ねむりますか。（　）に合《あ》うことばを書《か》きましょう。

（　　　　）などの長《なが》い海《かい》そう。

4 海《かい》そうがながされないのは、海《うみ》の中《なか》の岩《いわ》などに、海《かい》そうの何《なに》がくっついているからですか。

次《つぎ》のページで答《こた》えあわせをしよう

答《こた》えとアドバイス

ラッコは、ねている間《あいだ》にながされないの？

水《みず》の上《うえ》にあおむけにねころんで、いつもぷかぷかういているラッコ。貝《かい》をわって食《た》べるときも、赤《あか》ちゃんをそだてるときも、①ラッコはおなかを上《うえ》にして、水《みず》にうかんでいます。

では、ねむるときはどうでしょう。ラッコはあおむけのままねむっているのでしょうか。

海《うみ》の水《みず》には、プールとちがって、ながれがあります。うきわをして、ただ海《うみ》にうかんでいると、いつの間《ま》にかながされてしまいますよね。ラッコも同《おな》じです。②ねむっている間《あいだ》、ただうかんでいるだけだと、海《うみ》の水《みず》のながれにのって、遠《とお》くへながされてしまいます。

そこで、③ラッコはねむっている間《あいだ》にながされな

できるとすごい!!

❶ラッコはどのようにして、水《みず》にうかんでいますか。□に合《あ》うことばを書《か》きましょう。

おなか を 上 にしてうかんでいる。

❷ねむっているとき、ただ海《うみ》にうかんでいると、ラッコはどうなりますか。一《ひと》つに○をつけましょう。

ア ひっくりかえる。

(イ) 遠《とお》くへながされる。

7行目《ぎょうめ》からは人間《にんげん》のことで、9行目《ぎょうめ》からラッコのことだね。

うかびながらねむるってすごいよね

いよう、こんぶなどの長《なが》い海《かい》そうを、体《からだ》にまきつけてからねむります。

④海《かい》そうには根《ね》っこがあり、それが海《うみ》の中《なか》の岩《いわ》などにくっついているので、ながされることはありません。海《かい》そうはゆらゆらゆれながらも、ラッコがながされていかないよう、つなぎとめているのです。

ほかにもおもしろいねむりかたのどうぶつはいるのかな？

ウ　水《みず》の中《なか》にしずむ。

③ ②のことをさけるために、ラッコは何《なに》を体《からだ》にまきつけて、ねむりますか。（　）に合《あ》うことばを書《か》きましょう。

（こんぶ）などの長《なが》い海《かい》そう。

④ 海《かい》そうがながされないのは、海《うみ》の中《なか》の岩《いわ》などに、海《かい》そうの何《なに》がくっついているからですか。

根っこ

（または「ねっこ」）

「長《なが》い海《かい》そう」の近《ちか》くをよく読《よ》んでみよう。

「海《かい》そう」「くっついている」など、もんだいと同《おな》じことばをさがそう。

おうちのかたへ

ラッコは哺乳類ですが、陸に上がることはめったになく、ほぼ水中で過ごします。常におなかを上にして浮かんでいるのは、そのほうが呼吸がしやすいためだといわれています。

答《こた》えあわせがおわったら、78ページのクイズ4をやってみよう！

5 カメレオンは、どうして体《からだ》の色《いろ》をかえられるの？

とりくんだ日《ひ》

月《がつ》　日《にち》

はじめた時間《じかん》

時《じ》　分《ふん》

おわった時間《じかん》

時《じ》　分《ふん》

木《き》の上《うえ》でくらすカメレオンは、体《からだ》の色《いろ》をかえることができます。どうやって、色《いろ》をかえているのでしょうか。

カメレオンのひふの下《した》には、赤《あか》、黄《き》、黒《くろ》など、さまざまな色《いろ》のつぶがあります。カメレオンが、外《そと》の光《ひかり》やねつをあびると、ひふの下《した》で、色《いろ》のつぶがあつまったり、ちらばったりします。すると、ひふの色《いろ》がかわったように見《み》えるのです。明《あか》るいところでは、カメレオンの体《からだ》の色《いろ》も明《あか》るい色《いろ》になります。はんたいに、くらいところでは、体《からだ》の色《いろ》もくらくなります。

これらは、うごきのおそいカメレオンが、てきやえものに見《み》つからないようにするためのくふう

1 カメレオンの体《からだ》の色《いろ》をかえるのは、どんなものですか。□に合《あ》うことばを書《か》きましょう。

□の下《した》にある、さまざまな色《いろ》の□。

2 ①のものが、どうなることで、色《いろ》がかわったように見《み》えるのですか。一《ひと》つに○をつけましょう。

なのです。

そのほかに、おこったり、おどろいたりしたときにも、カメレオンの体《からだ》の色《いろ》がかわるといわれています。

15

できると すごい!

ア　あつまったり、ちらばったりすること。

イ　黒色《くろいろ》になること。

ウ　明《あか》るい色《いろ》になること。

3 カメレオンの体《からだ》の色《いろ》が、まわりに合《あ》わせてかわるのは、なんのためですか。（　）に合《あ》うことばを書《か》きましょう。

うごきの
（　　　　　　）
カメレオンが、てきやえものに
（　　　　　　）
ようにするため。

次《つぎ》のページで答《こた》えあわせをしよう

答《こた》えとアドバイス

カメレオンは、どうして体《からだ》の色《いろ》をかえられるの？

木《き》の上《うえ》でくらすカメレオンは、体《からだ》の色《いろ》をかえることができます。どうやって、色《いろ》をかえているのでしょうか。

①カメレオンのひふの下《した》には、赤《あか》、黄《き》、黒《くろ》など、さまざまな色《いろ》のつぶがあります。カメレオンが、外《そと》の光《ひかり》やねつをあびると、ひふの下《した》で、②色《いろ》のつぶがあつまったり、ちらばったりします。すると、ひふの色《いろ》がかわったように見《み》えるのです。

③明《あか》るいところでは、カメレオンの体《からだ》の色《いろ》も明《あか》るい色《いろ》になります。はんたいに、くらいところでは、体《からだ》の色《いろ》もくらくなります。

これらは、うごきのおそいカメレオンが、てきやえものに見《み》つからないようにするためのくふう

❶カメレオンの体《からだ》の色《いろ》をかえるのは、どんなものですか。□に合《あ》うことばを書《か》きましょう。

［ひふ］の下《した》にある、さまざまな色《いろ》の［つぶ］。

❷①のものが、どうなることで、色《いろ》がかわったように見《み》えるのですか。一《ひと》つに○をつけましょう。

4行目《ぎょうめ》から8行目《ぎょうめ》に色《いろ》がかわるしくみが書《か》いてあるよ。

なのです。
そのほかに、おこったり、おどろいたりしたときにも、カメレオンの体《からだ》の色《いろ》がかわるといわれています。

15

どんな色《いろ》に
なるのか
どうぶつえんに
行《い》って
見《み》てみよう!

できるとすごい!

ア　あつまったり、ちらばったりすること。
イ　黒色《くろいろ》になること。
ウ　明《あか》るい色《いろ》になること。

❸カメレオンの体《からだ》の色《いろ》が、まわりに合《あ》わせてかわるのは、なんのためですか。（　）に合《あ》うことばを書《か》きましょう。

うごきの（おそい）カメレオンが、てきやえものに（見つからない）ようにするため。

6行目《ぎょうめ》から
8行目《ぎょうめ》までを
よく読《よ》んでみよう。

13行目《ぎょうめ》に「〜ため」と
書《か》いてあるところの
前《まえ》をよく読《よ》んでみよう。

おうちのかたへ

パンサーカメレオンを対象とした最新の研究では、体色の変化は色素ではなく、虹色素胞によるものだと判明しました。虹色素胞自体は色素をもたず、光を反射して構造色を生み出します。構造色とは、CDやしゃぼん玉が虹色に見えるのと同じ原理のものです。しかし、これはパンサーカメレオンのみの研究結果であるため、本書では色素の説を採用しています。

答《こた》えあわせがおわったら、78ページのクイズ5をやってみよう！

★もっと知《し》りたい！どうぶつのこと①

このページでは、どうぶつにまつわるまめちしきをしょうかいするよ。

犬《いぬ》のにおいをかぐ力《ちから》は人《ひと》の1おく倍《ばい》!?

犬《いぬ》は人間《にんげん》の数《すう》1000～1おく倍《ばい》もにおいをかぐ力《ちから》がすぐれているといわれているよ。くんれんをした犬《いぬ》は、その鼻《はな》の力《ちから》をつかって、犯人《はんにん》をさがしたり、まやくをかぎつけたりする、けいさつ犬《けん》として活《かつ》やくしているよ。

ふりかえってみよう
8・9ページ
『イヌが、よくにおいをかぐのは、どうして？』

ゴリラのあく力《りょく》はどうぶつの中《なか》で1番《ばん》！

ゴリラのあく力《りょく》（手《て》でものをにぎる力《ちから》）は、オランウータンとならんで、動物《どうぶつ》の中《なか》で1番《ばん》といわれているよ。ニホンザルのあく力《りょく》は人間《にんげん》に近《ちか》く、30kgくらい。チンパンジーは250kg。それにくらべてゴリラは500kgもあると考《かんが》えられているんだ。

ふりかえってみよう
16・17ページ
『ゴリラは、どうしてむねをたたくの？』

じつはフサフサ！ラッコの毛《け》

手《て》のひらには毛《け》が生《は》えていないので、水《みず》から手《て》を出《だ》したり、顔《かお》に手《て》をあてたりしてあたためるよ。

ラッコはつめたい水《みず》の上《うえ》でもくらせるように、からだ全体《ぜんたい》にやく8おく本《ほん》もの毛《け》が生《は》えているんだ。これは人間《にんげん》8000人分《にんぶん》のかみの毛《け》と同《おな》じ。フサフサした毛《け》はうきわがわりにもなるよ。

ふりかえってみよう
20・21ページ
『ラッコは、ねている間《あいだ》にながされないの？』

6 ウサギの耳《みみ》が長《なが》いのはなぜ？

キツネなどのてきが近《ちか》くにいるとわかったとき、ウサギはどうすると思《おも》いますか。

答《こた》えは、「にげる」です。

ウサギには、てきとたたかうための、強力《きょうりょく》なぶきがありません。あるのは、はやくにげられる、じょうぶな後《うし》ろ足《あし》だけ。それをつかって、ぴょんぴょんとジャンプをくりかえしながら、できるだけ遠《とお》くまでにげるのです。

でも、すぐ近《ちか》くまで、てきがきていたら、にげおくれてしまうかもしれません。そのため、てきが近《ちか》づいていないか、ウサギは長《なが》い耳《みみ》をぴんと立《た》てて、しょっちゅうたしかめています。

ウサギの右耳《みぎみみ》と左耳《ひだりみみ》は、べつべつにうごかせる

とりくんだ日《ひ》

月《がつ》　日《にち》

はじめた時間《じかん》

時《じ》　分《ふん》

おわった時間《じかん》

時《じ》　分《ふん》

1 てきが近《ちか》くにいるとわかったとき、ウサギはどうしますか。

□

2 ウサギがジャンプをくりかえして、遠《とお》くへいけるのは、なぜですか。□に合《あ》うことばを書《か》きましょう。

じょうぶな □ があるから。

ようになっています。このおかげで、いろいろなほうこうから聞《き》こえてくる小《ちい》さな音《おと》を、聞《き》くことができるのです。

また、ウサギは、あせをかくことがありません。かわりに長《なが》い耳《みみ》を風《かぜ》に当《あ》てて、体《からだ》があつくなりすぎないよう、ねつをにがしているのです。

できるとすごい!

❸ウサギが耳《みみ》を次《つぎ》のようにするのは、なんのためですか。合《あ》うものを線《せん》でつなぎましょう。

- 長《なが》い耳《みみ》をぴんと立《た》てる。　・
- 左右《さゆう》の耳《みみ》をべつべつにうごかす。　・
- 長《なが》い耳《みみ》を風《かぜ》に当《あ》てる。　・

- ・　いろいろなほうこうからの小《ちい》さな音《おと》を聞《き》くため。
- ・　体《からだ》のねつをにがすため。
- ・　てきが近《ちか》くにいないか、たしかめるため。

次《つぎ》のページで答《こた》えあわせをしよう

答《こた》えとアドバイス

ウサギの耳《みみ》が長《なが》いのはなぜ？

❶キツネなどのてきが近《ちか》くにいるとわかったとき、ウサギはどうすると思《おも》いますか。答《こた》えは、「にげる」です。

❷ウサギには、てきとたたかうための、強力《きょうりょく》なぶきがありません。あるのは、はやくにげられる、じょうぶな後《うし》ろ足《あし》だけ。それをつかって、ぴょんぴょんとジャンプをくりかえしながら、できるだけ遠《とお》くまでにげるのです。

❸でも、すぐ近《ちか》くまで、てきがきていたら、にげおくれてしまうかもしれません。そのため、てきが近《ちか》づいていないか、ウサギは長《なが》い耳《みみ》をぴんと立《た》てて、しょっちゅうたしかめています。

ウサギの右耳《みぎみみ》と左耳《ひだりみみ》は、べつべつにうごかせる

❶てきが近《ちか》くにいるとわかったとき、ウサギはどうしますか。

にげる

マス目《め》の数《かず》がヒントになるよ。3文字《もじ》でさがそう！

❷ウサギがジャンプをくりかえして、遠《とお》くへいけるのは、なぜですか。□に合《あ》うことばを書《か》きましょう。

じょうぶな 後ろ足 があるから。

「じょうぶな」がヒントになるよ。

耳《みみ》は
たたかわずに
生《い》きていくための
大切《たいせつ》な
ものなんだね

ようになっています。このおかげで、いろいろなほうこうから聞《き》こえてくる小《ちい》さな音《おと》を、聞《き》くことができるのです。

また、ウサギは、あせをかくことがありません。かわりに長《なが》い耳《みみ》を風《かぜ》に当《あ》てて、体《からだ》があつくなりすぎないよう、ねつをにがしているのです。

長《なが》い耳《みみ》は
音《おと》をあつめる
アンテナ
みたいだね

できるとすごい！

❸ウサギが耳《みみ》を次《つぎ》のようにするのは、なんのためですか。合《あ》うものを線《せん》でつなぎましょう。

- 長《なが》い耳《みみ》をぴんと立《た》てる。
- 左右《さゆう》の耳《みみ》をべつべつにうごかす。
- 長《なが》い耳《みみ》を風《かぜ》に当《あ》てる。

- いろいろなほうこうからの小《ちい》さな音《おと》を聞《き》くため。
- 体《からだ》のねつをにがすため。
- てきが近《ちか》くにいないか、たしかめるため。

10行目《ぎょうめ》から
19行目《ぎょうめ》までを
よく読《よ》んでみよう。

答《こた》えあわせがおわったら、78ページのクイズ6をやってみよう！

7 ネコのひげはなんのためにあるの？

とりくんだ日《ひ》　月《がつ》　日《にち》

はじめた時間《じかん》　時《じ》　分《ふん》

おわった時間《じかん》　時《じ》　分《ふん》

ネコのひげは、どこに生《は》えているでしょう。口《くち》のまわりはもちろん、よく見《み》ると目《め》の上《うえ》や、左右《さゆう》のほお、あごの下《した》にも生《は》えています。このひげは、ネコの体《からだ》のほかの毛《け》とはちがいます。一本《いっぽん》一本《いっぽん》がかたく、じゆうにうごかせるのです。

ネコのひげは、いろいろとやくに立《た》っています。

まず、このひげで、空気《くうき》のながれをかんじ、まわりにきけんなものがないか、かくにんすることができます。

また、ひげがあることで、体《からだ》のバランスをとりながら歩《ある》くことができます。

さらに、せまいところを通《とお》るとき、ネコはひげをつかって広《ひろ》さをたしかめて、自分《じぶん》がそこを通《とお》れ

できると すごい！

❶ ネコのひげについて、合《あ》うものすべてに○をつけましょう。

ア　口《くち》のまわりにだけ生《は》えている。

イ　ほかの毛《け》とはちがう。

ウ　一本《いっぽん》一本《いっぽん》がやわらかい。

エ　じゆうにうごかせる。

❷ ネコのひげは、どんなことのやくに立《た》っていますか。□に合《あ》うことばを書《か》きましょう。

・［　　　　　　］なものがないか、かくにんすること。

るかどうかをはんだんすることができます。

　ほかにも、ネズミなどを生《い》きたままつかまえたとき、ひげでかこんでおくことで、えものがどっちへにげようとしているかを知《し》ることができます。

　このように、ネコのひげは、生《い》きていくためにかかせないものなのです。

15

・体《からだ》の［　　　　］を
とること。

・自分《じぶん》がそこを通《とお》れるか
［　　］を
たしかめること。

・えものがどっちへにげるか、
［　　］こと。

❸ネコのひげは、ネコにとってどんなものですか。

（　　　　　）いくため
にかかせないもの。

次《つぎ》のページで答《こた》えあわせをしよう

7

34・35ページ

答《こた》えとアドバイス

ネコのひげはなんのためにあるの？

ネコのひげは、どこに生《は》えているでしょう。

❶口《くち》のまわりはもちろん、よく見《み》ると目《め》の上《うえ》や、左右《さゆう》のほお、あごの下《した》にも生《は》えています。このひげは、ネコの体《からだ》のほかの毛《け》とはちがいます。一本《いっぽん》一本《いっぽん》がかたく、じゆうにうごかせるのです。

ネコのひげは、いろいろとやくに立《た》っています。

まず、❷このひげで、空気《くうき》のながれをかんじ、まわりにきけんなものがないか、かくにんすることができます。

また、ひげがあることで、体《からだ》のバランスをとりながら歩《ある》くことができます。

さらに、せまいところを通《とお》るとき、ネコはひげをつかって広《ひろ》さをたしかめて、自分《じぶん》がそこを通《とお》れ

❶ネコのひげについて、合《あ》うものすべてに○をつけましょう。

ア 口《くち》のまわりにだけ生《は》えている。

(イ) ほかの毛《け》とはちがう。

ウ 一本一本《いっぽんいっぽん》がやわらかい。

(エ) じゆうにうごかせる。

❷ネコのひげは、どんなことのやくに立《た》っていますか。□に合《あ》うことばを書《か》きましょう。

[きけん] なものがないか、かくにんすること。

2行目《ぎょうめ》から5行目《ぎょうめ》までをよく読《よ》んでみよう。

6行目《ぎょうめ》の「いろいろとやくに立《た》っています」のうしろから「いろいろ」が一《ひと》つずつ説明《せつめい》されているね。

るかどうかをはんだんすることができます。
ほかにも、ネズミなどを生《い》きたまままつかまえたとき、ひげでかこんでおくことで、えものがどっちへにげようとしているかを知《し》ることができます。
このように、③ネコのひげは、生《い》きていくためにかかせないものなのです。

・体《からだ》の バランス をとること。

・自分《じぶん》がそこを通《とお》れるか 広さ をたしかめること。

・えものがどっちへにげるか、知る こと。

③ネコのひげは、ネコにとってどんなものですか。

（生きて）いくためにかかせないもの。

「～ためにかかせない」と書《か》いてあるところをさがそう。

答《こた》えあわせがおわったら、78ページのクイズ 7 をやってみよう！

8 ハムスターが、ほっぺにえさを入《い》れるのはなぜ？

とりくんだ日《ひ》　月《がつ》　日《にち》
はじめた時間《じかん》　時《じ》　分《ふん》
おわった時間《じかん》　時《じ》　分《ふん》

ハムスターのほっぺのうちがわには、「ほおぶくろ」という、のびちぢみするふくろがあります。えさを見《み》つけたハムスターは、このふくろの中《なか》に、できるだけたくさんつめて、すまではこびます。

どうして、すぐに食《た》べないのでしょうか。

人《ひと》にかわれていないハムスターは、植物《しょくぶつ》が少《すく》ない、かわいた土地《とち》にいます。そういうところでは、木《き》の実《み》やたねなど、ハムスターのえさになるものが少《すく》なく、毎日《まいにち》えさが見《み》つかるとはかぎりません。

また、えさを食《た》べているところを、フクロウやタカ、キツネなどにおそわれるという、きけんもあります。

そこでハムスターは、見《み》つけたえさをほおぶく

できるとすごい！

❶ ハムスターのほおぶくろは、どこにありますか。

［　　　　］のうちがわ

❷ ハムスターのほおぶくろは、なんのためにありますか。□に合《あ》うことばを書《か》きましょう。

見《み》つけた［　　　　］をつめて、［　　］まではこぶため。

❸ ハムスターが、えさをすぐに食《た》べ

ろにつめて、いったん、すへもちかえるのです。
土《つち》の中《なか》にあるすまでもちかえったら、ほおぶくろからえさを出《だ》します。そして、あんぜんなすの中《なか》で、えさを食《た》べます。のこったぶんは、えさが見《み》つからないときのために、すの中《なか》にためておくのです。

ないのは、なぜですか。（　）に合《あ》うことばを書《か》きましょう。

・毎日《まいにち》えさが（　　　　）とはかぎらないから。

・えさを食《た》べているところを、おそわれるという（　　　　）があるから。

4 のこったえさはどうしますか。（　）に合《あ》うことばを書《か》きましょう。

（　　　　）おく。

次《つぎ》のページで答《こた》えあわせをしよう

8

38・39ページ

答《こた》えとアドバイス

ハムスターが、ほっぺにえさを入《い》れるのはなぜ？

❶ハムスターのほっぺのうちがわには、「ほおぶくろ」という、のびちぢみするふくろがあります。

❷えさを見《み》つけたハムスターは、このふくろの中《なか》に、できるだけたくさんつめて、す・まではこびます。

どうして、すぐに食《た》べないのでしょうか。

人《ひと》にかわれていないハムスターは、植物《しょくぶつ》が少《すく》ない、かわいた土地《とち》にいます。

❸そういうところでは、木《き》の実《み》やたねなど、ハムスターのえさになるものが少《すく》なく、毎日《まいにち》えさが見《み》つかるとはかぎりません。

また、えさを食《た》べているところを、フクロウやタカ、キツネなどにおそわれるというきけんもあります。

そこでハムスターは、見《み》つけたえさをほおぶくろ

できるとすごい！

❶ハムスターのほおぶくろは、どこにありますか。

ほっぺのうちがわ

❷ハムスターのほおぶくろは、なんのためにありますか。□に合《あ》うことばを書《か》きましょう。

見《み》つけたえさをつめて、すまではこぶため。

3行目《ぎょうめ》から4行目《ぎょうめ》までに説明《せつめい》があるよ。

❸ハムスターが、えさをすぐに食《た》べ

ほっぺに入《い》れられるってべんりだね

ろにつめて、いったん、すへもちかえるのです。土《つち》の中《なか》にあるすまでもちかえったら、ほおぶくろからえさを出《だ》します。④そして、あんぜんなすの中《なか》で、えさを食《た》べます。のこったぶんは、えさが見《み》つからないときのために、すの中《なか》にためておくのです。

どうぶつには
生《い》きるための
ひみつがたくさん
あるんだね

ないのは、なぜですか。（　）に合《あ》うことばを書《か》きましょう。

・毎日《まいにち》えさが（見つかる）とはかぎらないから。

・えさを食《た》べているところを、おそわれるという（きけん）があるから。

❹のこったえさはどうしますか。（　）に合《あ》うことばを書《か》きましょう。

（すの中に）（ためて）おく。

7行目《ぎょうめ》から12行目《ぎょうめ》までをよく読《よ》んで、（　）に合《あ》うように答《こた》えよう。

答《こた》えあわせがおわったら、78ページのクイズ 8 をやってみよう！

9 ニワトリが遠《とお》くまでとべないのはなぜ？

ニワトリは、少《すこ》しならとび上《あ》がることはできますが、空《そら》をじゆうにとぶことはできません。鳥《とり》なのに、なぜ、遠《とお》くまでとべないのでしょう。

ニワトリのせんぞは、「セキショクヤケイ」という鳥《とり》だといわれています。この鳥《とり》は、ほかの鳥《とり》たちとちがい、じめんでくらしていました。土《つち》から出《で》てくるミミズなどを食《た》べて、生《い》きていたのです。

じめんでくらし、じめんにいる生《い》きものを食《た》べる生活《せいかつ》では、わざわざ遠《とお》くまでとぶひつようがありません。そのため、セキショクヤケイは、はねをうごかすきんにくをつかわないようになりました。

とりくんだ日《ひ》　月《がつ》　日《にち》

はじめた時間《じかん》　時《じ》　分《ふん》

おわった時間《じかん》　時《じ》　分《ふん》

❶ セキショクヤケイは、どのような鳥《とり》ですか。□に合《あ》うことばを書《か》きましょう。

ニワトリの［　　　］。

❷ セキショクヤケイについて、合《あ》うもの一《ひと》つに○をつけましょう。

ア　木《き》の上《うえ》でくらしていた。

イ　じめんにいる生《い》きものを食《た》べた。

ウ　遠《とお》くまでとんでいた。

そのせいで、はねをうごかす力《ちから》が弱《よわ》くなり、遠《とお》くまではとべなくなっていったのです。

セキショクヤケイのしそんであるニワトリも、人《ひと》にかわれて、えさをもらえるので、とぶひつようがありません。

そのため、ニワトリは、とばなくなったのだといわれています。

できるとすごい!

3 ニワトリがとぶひつようがないのは、なぜですか。（　）に合《あ》うことばを書《か》きましょう。

（　　　　　）にかわれて、

（　　　　　）をもらえるから。

4 セキショクヤケイやニワトリがとばなくなったのはなぜですか。□に合《あ》うことばを書《か》きましょう。

とぶ

□□□□

がないから。

次《つぎ》のページで答《こた》えあわせをしよう

9

42・43ページ

答《こた》えとアドバイス

ニワトリが遠《とお》くまでとべないのはなぜ？

ニワトリは、少《すこ》しならとび上《あ》がることはできますが、空《そら》をじゆうにとぶことはできません。鳥《とり》なのに、なぜ、遠《とお》くまでとべないのでしょう。

❶ニワトリのせんぞは、「セキショクヤケイ」という鳥《とり》だといわれています。❷この鳥《とり》は、ほかの鳥《とり》たちとちがい、じめんでくらしていました。土《つち》から出《で》てくるミミズなどを食《た》べて、生《い》きていたのです。

じめんでくらし、じめんにいる生《い》きものを食《た》べる生活《せいかつ》では、わざわざ遠《とお》くまでとぶひつようがありません。そのため、セキショクヤケイは、はねをうごかすきんにくをつかわないようになりました。

❶セキショクヤケイは、どのような鳥《とり》ですか。□に合《あ》うことばを書《か》きましょう。

ニワトリの せんぞ 。

マス目《め》の数《かず》がヒントになるよ！ 3文字《もじ》でさがそう。

❷セキショクヤケイについて、合《あ》うもの一《ひと》つに○をつけましょう。

ア 木《き》の上《うえ》でくらしていた。

(イ) じめんにいる生《い》きものを食《た》べた。

ウ 遠《とお》くまでとんでいた。

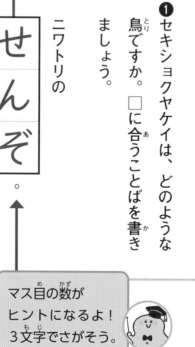

ニワトリはとべないんじゃなくてとばないんだね

そのせいで、はねをうごかす力《ちから》が弱《よわ》くなり、遠《とお》くまではとべなくなっていったのです。

セキショクヤケイのしそんであるニワトリも、人《ひと》にかわれて、えさをもらえるので、とぶひつようがありません。

そのため、ニワトリは、とばなくなったのだといわれています。

できると すごい！

③ニワトリがとぶひつようがないのは、なぜですか。（　）に合《あ》うことばを書《か》きましょう。

（人）にかわれて、（えさ）をもらえるから。

16行目《ぎょうめ》から17行目《ぎょうめ》までをよく読《よ》んで、（　）のうしろと同《おな》じことばをさがしてみよう。

④セキショクヤケイやニワトリがとばなくなったのはなぜですか。□に合《あ》うことばを書《か》きましょう。

とぶ ひつよう がないから。

答《こた》えあわせがおわったら、78ページのクイズ 9 をやってみよう！

10 パンダの体《からだ》の色《いろ》が、白《しろ》と黒《くろ》なのはどうして？

とりくんだ日《ひ》　月《がつ》　日《にち》

はじめた時間《じかん》　時《じ》　分《ふん》

おわった時間《じかん》　時《じ》　分《ふん》

パンダの体《からだ》には、白《しろ》いところと黒《くろ》いところがありますね。ところが、むかしのパンダは、まっ黒《くろ》だったといわれています。

大人《おとな》のパンダは体《からだ》が大《おお》きく、てきにねらわれることはめったにありませんでした。でも、体《からだ》が弱《よわ》っていたり、まだ子《こ》どもだったりすると、ユキヒョウなどにおそわれることがありました。

あるとき、ぐうぜん、白《しろ》い毛《け》のまじったパンダが生《う》まれました。すると、まっ黒《くろ》のときより目立《めだ》たなくなり、てきにおそわれにくくなったのです。

パンダのふるさとは、中国《ちゅうごく》のまん中《なか》から少《すこ》し西《にし》がわの、竹《たけ》がたくさんある地《ち》いきです。そこでは冬《ふゆ》になると、雪《ゆき》がたくさんふりつもります。する

できると すごい！

❶パンダの体《からだ》の色《いろ》は、どのようなじゅんばんでかわっていきましたか。（　）に1～3の数字《すうじ》を書《か》きましょう。

（　）白《しろ》と黒《くろ》のもようがある

（　）まっ黒《くろ》

（　）黒《くろ》に白《しろ》い毛《け》がまじる

❷パンダがてきにねらわれるのは、どんなときですか。二《ふた》つに○をつけましょう。

ア　子《こ》どものとき。

イ　大人《おとな》になったとき。

と、そこに生《は》えている木《き》や竹《たけ》などの色《いろ》と雪《ゆき》の色《いろ》で、あたりは白《しろ》と黒《くろ》のせかいになるのです。そういうところに、白《しろ》と黒《くろ》のもようのパンダがいても、なかなか見《み》つけられないと思《おも》いませんか。

こうして、白《しろ》い毛《け》のまじったパンダが生《い》きのこり、同《おな》じような子《こ》どもが生《う》まれました。そして、長《なが》い月日《つきひ》をかけて、今《いま》のもようになったのです。

ウ　体《からだ》が弱《よわ》っているとき。

エ　冬《ふゆ》でも雪《ゆき》がふらないとき。

3 パンダのふるさとは、冬《ふゆ》になるとどうなりますか。□に合《あ》うことばを書《か》きましょう。

ふりつもった □ の色《いろ》と

生《は》えている木《き》や □ などの

色《いろ》で、白《しろ》と黒《くろ》のせかいになる。

次《つぎ》のページで答《こた》えあわせをしよう

10
46・47ページ

答《こた》えとアドバイス

パンダの体《からだ》の色《いろ》が、白《しろ》と黒《くろ》なのはどうして？

パンダの体《からだ》には、白《しろ》いところと黒《くろ》いところがありますね。ところが、むかしのパンダは、まっ黒《くろ》だったといわれています。

大人《おとな》のパンダは体《からだ》が大《おお》きく、てきにねらわれることはめったにありませんでした。でも、体《からだ》が弱《よわ》っていたり、まだ子《こ》どもだったりすると、ユキヒョウなどにおそわれることがありました。

あるとき、ぐうぜん、白《しろ》い毛《け》のまじったパンダが生《う》まれました。すると、まっ黒《くろ》のときより目立《めだ》たなくなり、てきにおそわれにくくなったのです。

パンダのふるさとは、中国《ちゅうごく》のまん中《なか》から少《すこ》し西《にし》がわの、竹《たけ》がたくさんある地《ち》いきです。そこでは冬《ふゆ》になると、雪《ゆき》がたくさんふりつもります。する

できるとすごい！

❶パンダの体《からだ》の色《いろ》は、どのようなじゅんばんでかわっていきましたか。（　）に1～3の数字《すうじ》を書《か》きましょう。

（3）白《しろ》と黒《くろ》のもようがある

（1）まっ黒《くろ》

（2）黒《くろ》に白《しろ》い毛《け》がまじる

❷パンダがてきにねらわれるのは、どんなときですか。二《ふた》つに○をつけましょう。

㋐ 子《こ》どものとき。

イ 大人《おとな》になったとき。

体《からだ》の色《いろ》について書《か》いてあるところにちゅういしてみよう！

4行目《ぎょうめ》から7行目《ぎょうめ》までをよく読《よ》んでみよう。

かわいい白黒《しろくろ》のもようにはそんな理由《りゆう》があったのか～！

と、そこに生《は》えている木《き》や竹《たけ》などの色《いろ》と雪《ゆき》の色《いろ》で、あたりは白《しろ》と黒《くろ》のせかいになるのです。そういうところに、白《しろ》と黒《くろ》のもようのパンダがいても、なかなか見《み》つけられないと思《おも》いませんか。

こうして、白《しろ》い毛《け》のまじったパンダが生《い》きのこり、❶同《おな》じような子《こ》どもが生《う》まれました。そして、長《なが》い月日《つきひ》をかけて、今《いま》のもようになったのです。

パンダはかくれんぼ上手《じょうず》なんだね

ウ 体《からだ》が弱《よわ》っているとき。

エ 冬《ふゆ》でも雪《ゆき》がふらないとき。

❸パンダのふるさとは、冬《ふゆ》になるとどうなりますか。□に合《あ》うことばを書《か》きましょう。

ふりつもった 雪 の色《いろ》と
生《は》えている木《き》や 竹 などの
色《いろ》で、白《しろ》と黒《くろ》のせかいになる。

13行目《ぎょうめ》から15行目《ぎょうめ》までで説明《せつめい》しているよ。マスの数《かず》もヒントにしよう。

答《こた》えあわせがおわったら、78ページのクイズ10をやってみよう！

★もっと知《し》りたい！
どうぶつのこと②

このページでは、どうぶつにまつわるまめちしきをしょうかいするよ。

ひげがないどうぶつもいるよ！

イルカは、生《う》まれたときはヒゲがあるけれど、すぐにぬけおちて毛《け》あなだけのこるよ。

ネコは人間《にんげん》と同《おな》じ「ほにゅうるい」のなかまで、同《おな》じなかまのキリンやゾウなど、たくさんのどうぶつがひげをもっているよ。だけど、同《おな》じほにゅうるいのなかまのイルカやクジラなどは、ヒゲがないんだ。

ふりかえってみよう
34・35ページ
『ネコのひげはなんのためにあるの？』

とぶ以外《いがい》の特技《とくぎ》がある鳥《とり》たち

ニワトリと同《おな》じように、ペンギンも鳥《とり》だけど空《そら》をとばないよ。そのかわり、とても早《はや》く泳《およ》げるんだ。海《うみ》にもぐってえさをつかまえるために、羽《はね》がヒレとして進化《しんか》したんだよ。ダチョウもとばない鳥《とり》だけど、足《あし》がとっても速《はや》いという特技《とくぎ》があるよ。

ふりかえってみよう
42・43ページ
『ニワトリが遠《とお》くまでとべないのはなぜ？』

ほっぺにえさを入《い》れてはこぶどうぶつたち

ゴムのようにやわらかいくちばしの中《なか》にほおぶくろももっているよ。

ハムスターのほかにも、リスやコアラ、カモノハシ、ニホンザルなどもほおぶくろをもっていて、えさをはこぶのにつかっているよ。

ふりかえってみよう
38・39ページ
『ハムスターが、ほっぺにえさを入《い》れるのはなぜ？』

11 ウシのおっぱいが牛乳《ぎゅうにゅう》って、ほんとう？

とりくんだ日《ひ》　月《がつ》　日《にち》

はじめた時間《じかん》　時《じ》　分《ふん》

おわった時間《じかん》　時《じ》　分《ふん》

牛乳《ぎゅうにゅう》は、牛《うし》の乳《ちち》と書《か》きますから、まさにウシのお母《かあ》さんが出《だ》すお乳《ちち》のことです。

ウシのお母《かあ》さんは、うんだこウシをそだてるため、だいたい十《じっ》か月《げつ》から十一《じゅういっ》か月間《げつかん》、お乳《ちち》を出《だ》します。わたしたちは、そのお乳《ちち》を分《わ》けてもらっているのです。

ぼく場《じょう》などでかわれているウシのうち、牛乳《ぎゅうにゅう》をたくさん出《だ》してくれるウシを乳牛《にゅうぎゅう》といいます。日《に》本《ぽん》にいる乳牛《にゅうぎゅう》のほとんどは、白《しろ》と黒《くろ》のもようをもつ、ホルスタインというしゅるいです。

では、ウシのお乳《ちち》は、どうやってできるのでしょうか。

牛乳《ぎゅうにゅう》のもとになるのは、母《はは》ウシの血《けつ》えきです。

1 牛乳《ぎゅうにゅう》とは、なんのお乳《ちち》のことですか。カタカナ二文字《にもじ》で書《か》きましょう。

2 乳牛《にゅうぎゅう》について、合《あ》うもの二《ふた》つに○をつけましょう。

ア 体《からだ》のほとんどが茶色《ちゃいろ》い。

イ 体《からだ》に白《しろ》と黒《くろ》のもようをもつ。

ウ 黒毛和牛《くろげわぎゅう》というしゅるい。

エ ホルスタインというしゅるい。

母《はは》ウシのおっぱいのところにある「にゅうせんじょうひさいぼう」というものが、血《けつ》えきの中《なか》のえいようをとりこんで、牛乳《ぎゅうにゅう》をつくっています。

母《はは》ウシは、一《いち》リットルの牛乳《ぎゅうにゅう》をつくるのに、四《よん》百《ひゃく》から五《ご》百《ひゃく》リットルの血《けつ》えきをおくり、たくさんのお乳《ちち》をわたしたちに分《わ》けてくれているのです。

できるとすごい!

❸ 牛乳《ぎゅうにゅう》のもとになるのは、母《はは》ウシのなんですか。

（　　　　　　）

❹ お乳《ちち》を分《わ》けてくれているとは、どういうことですか。（　）に合《あ》うことばを書《か》きましょう。

うんだ（　　　　）をそだてるために出《だ》している、（　　　　）を分《わ》けてくれているということ。

次《つぎ》のページで答《こた》えあわせをしよう

答《こた》えとアドバイス

ウシのおっぱいが牛乳《ぎゅうにゅう》って、ほんとう?

1 牛乳《ぎゅうにゅう》は、牛《うし》の乳《ちち》と書《か》きますから、まさにウシのお母《かあ》さんが出《だ》すお乳《ちち》のことです。

ウシのお母《かあ》さんは、4 うんだ**こウシ**をそだてるため、だいたい十《じっ》か月《げつ》から十一《じゅういっ》か月間《げつかん》、お乳《ちち》を出《だ》します。わたしたちは、その**お乳《ちち》**を分《わ》けてもらっているのです。

ぼく場《じょう》などでかわれているウシのうち、牛乳《ぎゅうにゅう》をたくさん出《だ》してくれるウシを乳牛《にゅうぎゅう》といいます。2 日本《にっぽん》にいる乳牛《にゅうぎゅう》のほとんどは、白《しろ》と黒《くろ》のもようをもつ、ホルスタインというしゅるいです。

では、ウシのお乳《ちち》は、どうやってできるのでしょうか。

3 牛乳《ぎゅうにゅう》のもとになるのは、母《はは》ウシの**血《けつ》えき**です。

1 牛乳《ぎゅうにゅう》とは、なんのお乳《ちち》のことですか。カタカナ二文字《にもじ》で書《か》きましょう。

ウシ

2 乳牛《にゅうぎゅう》について、合《あ》うもの二《ふた》つに○をつけましょう。

ア 体《からだ》のほとんどが茶色《ちゃいろ》い。
(イ) 体《からだ》に白《しろ》と黒《くろ》のもようをもつ。
ウ 黒毛和牛《くろげわぎゅう》というしゅるい。
(エ) ホルスタインというしゅるい。

8行目《ぎょうめ》から10行目《ぎょうめ》に乳牛《にゅうぎゅう》の色《いろ》としゅるいの説明《せつめい》があるね。

牛乳《ぎゅうにゅう》にはえいようがたっぷりだよ!

母《はは》ウシのおっぱいのところにある「にゅうせんじょうひさいぼう」というものが、血《けつ》えきの中《なか》のえいようをとりこんで、牛乳《ぎゅうにゅう》をつくっています。
母《はは》ウシは、一《いち》リットルの牛乳《ぎゅうにゅう》をつくるのに、四《よん》百《ひゃく》から五百《ごひゃく》リットルの血《けつ》えきをおくり、たくさんのお乳《ちち》をわたしたちに分《わ》けてくれているのです。

人間《にんげん》の赤《あか》ちゃんがのむおっぱいもお母《かあ》さんの血《けつ》えきからできているよ

15

できるとすごい!

❸牛乳《ぎゅうにゅう》のもとになるのは、母《はは》ウシのなんですか。

（ 血えき ）（または「けつえき」）

❹お乳《ちち》を分《わ》けてくれているとは、どういうことですか。（ ）に合《あ》うことばを書《か》きましょう。

うんだ（ こウシ ）をそだてるために出《だ》している、（ お乳 ）（または「おちち」）を分《わ》けてくれているということ。

（ ）の前《まえ》やうしろのことばをさがすよ。お話《はなし》をもういちど、よく読《よ》んでみよう。

答《こた》えあわせがおわったら、78ページのクイズ 11 をやってみよう！

12 ナマケモノは、どうしてめったにうごかないの？

とりくんだ日《ひ》　月《がつ》　日《にち》
はじめた時間《じかん》　時《じ》　分《ふん》
おわった時間《じかん》　時《じ》　分《ふん》

一日中《いちにちじゅう》、木《き》のえだにぶら下《さ》がっている、ナマケモノ。一日《いちにち》に、十五《じゅうご》から二十時間《にじゅうじかん》もねむり、おきているときも、めったにうごきません。そのため、体中《からだじゅう》の毛《け》にこけが生《は》えることもあるほどです。

そんなナマケモノが、一週間《いっしゅうかん》に一度《いちど》くらい、地《ち》上《じょう》におりてきます。それは、おしっこやうんちをするときや、ちがう木《き》へいどうするときです。地《ち》上《じょう》におりると、前足《まえあし》をつかってじめんをはうようにして、ゆっくりとすすみます。

ナマケモノは、どうしてめったにうごかないのでしょうか。

ナマケモノの体《からだ》は、きん肉《にく》が少《すく》ないため、一日《いちにち》に、はっぱを数《すう》まい食《た》べるだけで生《い》きられます。

❶ ナマケモノは、一日《いちにち》に何時間《なんじかん》ねむりますか。（　）に合《あ》うことばを書《か》きましょう。

（　　　）時間《じかん》から
（　　　）時間《じかん》。

❷ ナマケモノが地上《ちじょう》におりてくるのは何《なに》をするときですか。合《あ》うもの二《ふた》つに○をつけましょう。

ア　体《からだ》の毛《け》にこけが生《は》えたとき。
イ　おしっこやうんちをするとき。
ウ　ちがう木《き》へいどうするとき。

でも、ナマケモノが食《た》べる、セクロピアというはっぱには、どくがあります。このはっぱのどくを、ちゃんと※消化《しょうか》するため、あまりうごかないようにして、エネルギーをせつやくしているのです。

また、うごかないでいると、ナマケモノをねらうワシやタカに見《み》つかりづらい、という、いいこともあります。それで、めったにうごかないのです。

※消化《しょうか》…口《くち》からとり入《い》れた食《た》べものを体《からだ》の中《なか》でぶんかいすること。

エ　はっぱを食《た》べるとき。

できるとすごい!

③ナマケモノがエネルギーをせつやくするのはなんのためですか。□に合《あ》うことばを書《か》きましょう。

セクロピアというはっぱの［　　］を消化《しょうか》するため。

④ナマケモノはうごかないと、どんないいことがありますか。（　）に合《あ》うことばを書《か》きましょう。

（　　）や（　　）に見《み》つかりづらい。

次《つぎ》のページで答《こた》えあわせをしよう

12
56・57ページ
答《こた》えとアドバイス

ナマケモノは、どうしてめったにうごかないの？

一日中《いちにちじゅう》、木《き》のえだにぶら下《さ》がっている、ナマケモノ。①一日《いちにち》に、十五《じゅうご》から二十《にじゅう》時間《じかん》もねむり、おきているときも、めったにうごきません。そのため、体中《からだじゅう》の毛《け》にこけが生《は》えることもあるほどです。

そんなナマケモノが、②一週間《いっしゅうかん》に一度《いちど》くらい、地上《ちじょう》におりてきます。それは、おしっこやうんちをするときや、ちがう木《き》へいどうするときです。地上《ちじょう》におりると、前足《まえあし》をつかってじめんをはうようにして、ゆっくりとすすみます。

ナマケモノは、どうしてめったにうごかないのでしょうか。

ナマケモノの体《からだ》は、きん肉《にく》が少《すく》ないため、一日《いちにち》に、はっぱを数《すう》まい食《た》べるだけで生《い》きられます。

❶ナマケモノは、一日《いちにち》に何時間《なんじかん》ねむりますか。（　）に合《あ》うことばを書《か》きましょう。

（十五）時間《じかん》から（二十）時間《じかん》。

❷ナマケモノが地上《ちじょう》におりてくるのは何《なに》をするときですか。合《あ》うもの二《ふた》つに○をつけましょう。

ア 体《からだ》の毛《け》にこけが生《は》えたとき。
㋑ おしっこやうんちをするとき。
㋒ ちがう木《き》へいどうするとき。

どんなときか、5行目《ぎょうめ》から7行目《ぎょうめ》に書《か》いてあるね。

どくのあるはっぱを食《た》べるなんてびっくりだね

でも、ナマケモノが食《た》べる、セクロピアという
③はっぱには、どくがあります。このはっぱのどくを、ちゃんと消化《しょうか》※するため、あまりうごかないようにして、エネルギーをせつやくしているのです。

④また、うごかないでいると、ナマケモノをねらうワシやタカに見《み》つかりづらいという、いいこともあります。それで、めったにうごかないのです。

どれくらい
のんびり
うごくのか
見《み》てみたいな

エ　はっぱを食《た》べるとき。

できるとすごい！

❸ナマケモノがエネルギーをせつやくするのはなんのためですか。□に合《あ》うことばを書《か》きましょう。

セクロピアというはっぱの　どく　を消化《しょうか》するため。

マス目《め》の数《かず》がヒントになるよ！
2文字《もじ》でさがそう。

❹ナマケモノはうごかないと、どんないいことがありますか。（　）に合《あ》うことばを書《か》きましょう。

（ワシ）や（タカ）に見《み》つかりづらい。

もんだいに「見《み》つかりづらい」とあるのが大《だい》ヒント！

おうちのかたへ

ナマケモノは、前足にあるかぎ爪で木にぶら下がっています。この爪が二本だとフタユビナマケモノ、三本だとミユビナマケモノで、見た目に違いがあります。毒のある葉を食べる点は、コアラも同じです。

答《こた》えあわせがおわったら、78ページのクイズ12をやってみよう！

13 ツバメが春《はる》に日本《にっぽん》へくるのはどうして？

ツバメは、毎年《まいとし》春《はる》と秋《あき》にひっこしをする、わたり鳥《どり》のなかまです。秋《あき》から冬《ふゆ》の間《あいだ》は、東南《とうなん》アジアですごし、春《はる》になると日本《にっぽん》へやってきます。

なぜ、遠《とお》い南《みなみ》の国《くに》から、わざわざ日本《にっぽん》までとんでくるのでしょうか。

それは、日本《にっぽん》で子《こ》そだてをするためです。

日本《にっぽん》のような気《き》こうの国《くに》では、春《はる》から夏《なつ》にかけて、鳥《とり》のえさとなる虫《むし》がたくさん出《で》てきます。親《おや》鳥《どり》は、生《う》まれたばかりのひなに、たっぷりとえさをあたえることができるのです。

親鳥《おやどり》から、えさをたくさんもらったひなは、やがて、すを出《で》て、外《そと》でくらすようになります。このときも、さいしょのうちは親《おや》からえさをもらい

とりくんだ日《ひ》　月《がつ》　日《にち》

はじめた時間《じかん》　時《じ》　分《ふん》

おわった時間《じかん》　時《じ》　分《ふん》

❶ ツバメは、どんな鳥《とり》ですか。□に合《あ》うことばを書《か》きましょう。

毎年《まいとし》、□と□にひっこしをするわたり鳥《どり》のなかま。

❷ ツバメが、春《はる》になると日本《にっぽん》へやってくるのは、何《なに》をするためですか。

□

ながら、とぶ練習《れんしゅう》や、えさをとる練習《れんしゅう》をします。

そして、えさとなる虫《むし》が少《すく》なくなった秋《あき》、いよいよ、南《みなみ》の国《くに》へむけて出発《しゅっぱつ》します。

このときは、もう親鳥《おやどり》といっしょではありません。その年《とし》生《う》まれたわかい鳥《とり》たちだけで、大空《おおぞら》へとびたっていくのです。

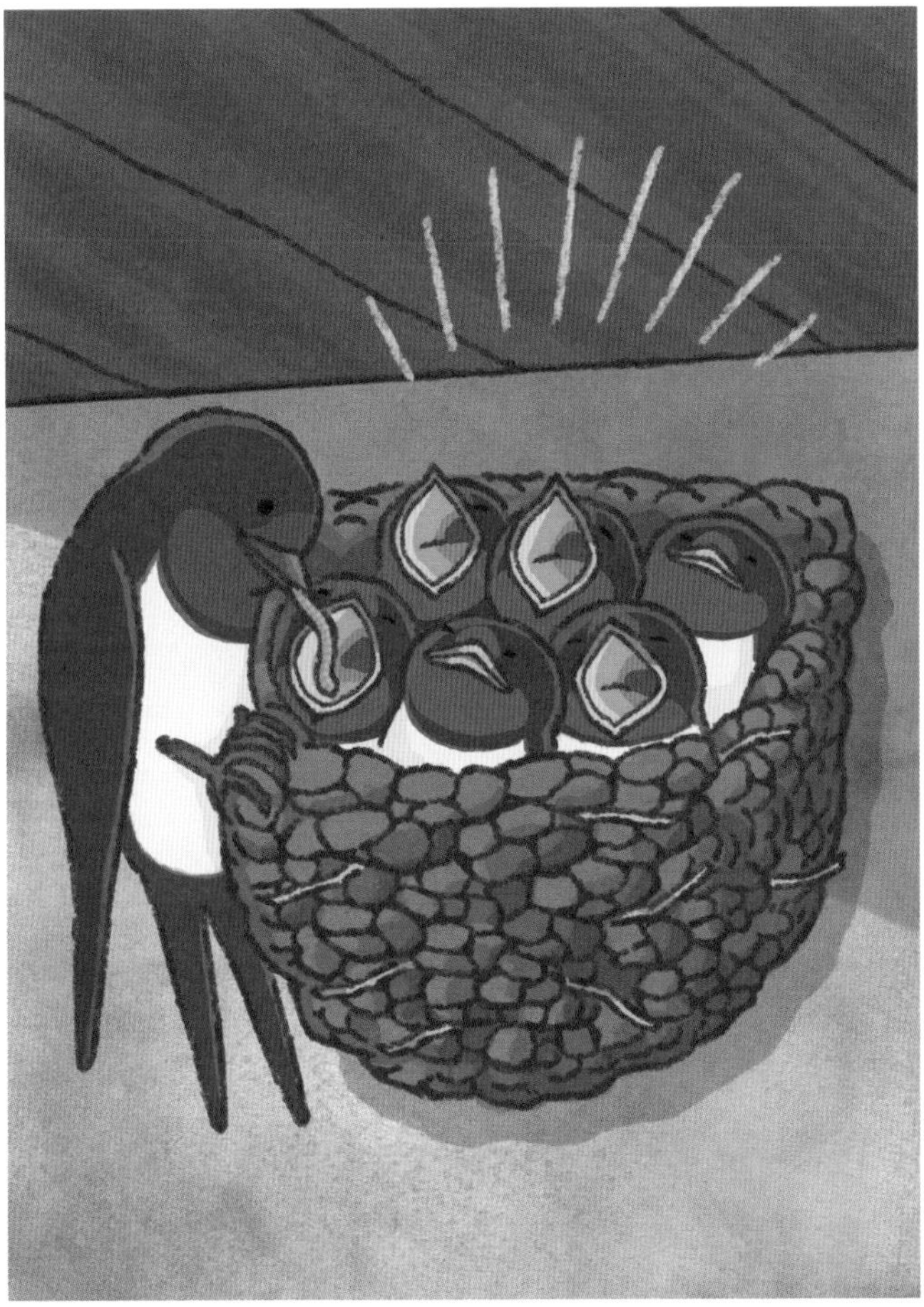

できるとすごい!

❸ 春《はる》に日本《にっぽん》へくるのは、何《なに》がたくさんあるからですか。（　）に合《あ》うことばを書《か》きましょう。

生《う》まれたばかりの（　　　　）のえさとなる（　　　　）。

❹ 上《うえ》のお話《はなし》と合《あ》うもの一《ひと》つに○をつけましょう。

ア　ひなは生《う》まれてすぐにとぶ。

イ　ひなは親《おや》にえさをあたえる。

ウ　親鳥《おやどり》は日本《にっぽん》にのこる。

エ　秋《あき》に子《こ》どもだけでとびたつ。

次《つぎ》のページで答《こた》えあわせをしよう

ツバメが春《はる》に日本《にっぽん》へくるのはどうして?

❶ツバメは、毎年《まいとし》春《はる》と秋《あき》にひっこしをする、わたり鳥《どり》のなかまです。秋《あき》から冬《ふゆ》の間《あいだ》は、東南《とうなん》アジアですごし、春《はる》になると日本《にっぽん》へやってきます。

❷なぜ、遠《とお》い南《みなみ》の国《くに》から、わざわざ日本《にっぽん》までとんでくるのでしょうか。

それは、日本《にっぽん》で子《こ》そだてをするためです。

❸日本《にっぽん》のような気《き》こうの国《くに》では、春《はる》から夏《なつ》にかけて、鳥《とり》のえさとなる虫《むし》がたくさん出《で》てきます。親《おや》鳥《どり》は、生《う》まれたばかりのひなに、たっぷりとえさをあたえることができるのです。

親鳥《おやどり》から、えさをたくさんもらったひなは、やがて、すを出《で》て、外《そと》でくらすようになります。このときも、さいしょのうちは親《おや》からえさをもらい

❶ツバメは、どんな鳥《とり》ですか。□に合《あ》うことばを書《か》きましょう。

毎年《まいとし》、 春 と 秋 にひっこしをするわたり鳥《どり》のなかま。

❷ツバメが、春《はる》になると日本《にっぽん》へやってくるのは、何《なに》をするためですか。

子そだて

6行目《ぎょうめ》に、「するため」と書《か》いてあるね。その前《まえ》をよく読《よ》もう。

ツバメがくると春《はる》になったなあと感《かん》じるよね

ツバメのようにひっこしをする鳥《とり》はほかにいるのかな？

ながら、とぶ練習《れんしゅう》や、えさをとる練習《れんしゅう》をします。

そして、えさとなる虫《むし》が少《すく》なくなった秋《あき》、いよいよ、南《みなみ》の国《くに》へむけて出発《しゅっぱつ》します。

このときは、もう親鳥《おやどり》といっしょではありません。その年《とし》生《う》まれたわかい鳥《とり》たちだけで、大空《おおぞら》へとびたっていくのです。

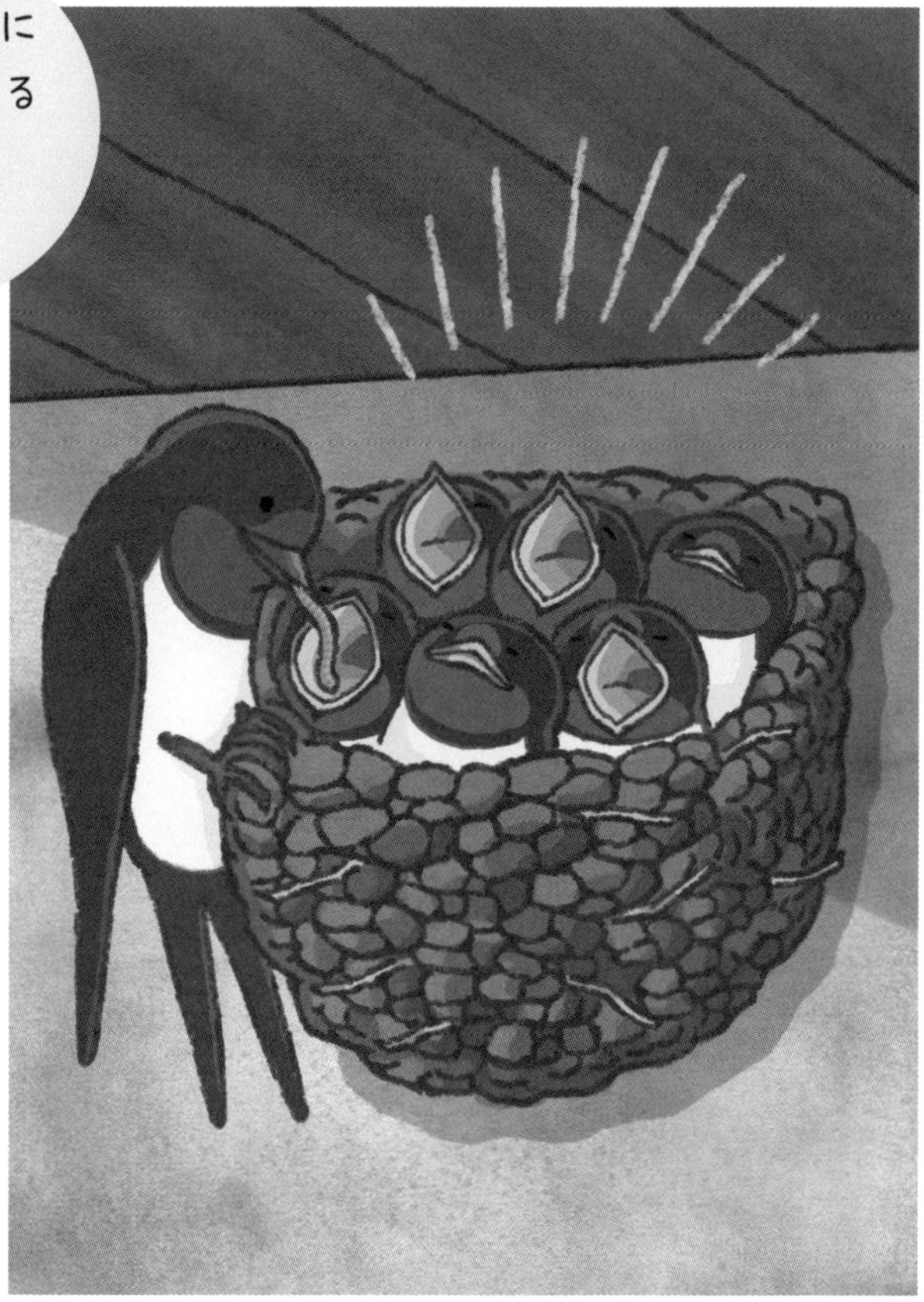

おうちのかたへ

ツバメのように春に日本へ飛来し、秋に南の国へ旅立つ鳥を夏鳥といいます。冬を日本で過ごし、春になると北の国へ旅立つハクチョウは、冬鳥です。親鳥たちは子どもたちを残し、先に旅立ちます。

できるとすごい!!

❸ 春《はる》に日本《にっぽん》へくるのは、何《なに》がたくさんあるからですか。（　）に合《あ》うことばを書《か》きましょう。

生《う》まれたばかりの（ひな（または「鳥」））のえさとなる（虫）。

❹ 上《うえ》のお話《はなし》と合《あ》うもの一《ひと》つに○をつけましょう。

ア ひなは生《う》まれてすぐにとぶ。

イ ひなは親《おや》にえさをあたえる。

ウ 親鳥《おやどり》は日本《にっぽん》にのこる。

㊣ エ 秋《あき》に子《こ》どもだけでとびたつ。

ア、イ、ウ、エの文《ぶん》を一《ひと》つずつ読《よ》んで、お話《はなし》と同《おな》じことが書《か》いてあるか見《み》てみよう。

7行目《ぎょうめ》から10行目《ぎょうめ》までをよく読《よ》んでみよう。

答《こた》えあわせがおわったら、78ページのクイズ13をやってみよう！

14 フラミンゴはどうしてピンク色《いろ》？

とりくんだ日《ひ》

月《がつ》　日《にち》

はじめた時間《じかん》

時《じ》　分《ふん》

おわった時間《じかん》

時《じ》　分《ふん》

あざやかなピンク色《いろ》が目《め》をひくフラミンゴ。でも、生《う》まれたばかりのひなの体《からだ》の色《いろ》は、はい色《いろ》です。つまり、あのピンク色《いろ》は生《う》まれつきではありません。

では、どうやってあの色《いろ》になるのでしょう。

フラミンゴは鳥《とり》のなかまですが、ひなにミルクをあげてそだてます。このミルクは、人《ひと》やウシなどがのむ、おっぱいとはちがいます。

親鳥《おやどり》の、のどのおくにある「そのう」というところで、えいようたっぷりのミルクがつくられます。それを、ひなにあたえているのです。このミルクは、オスでもつくることができます。

親鳥《おやどり》は、ふだん、みずうみにすむエビやプラン

❶ 生《う》まれたばかりのひなの体《からだ》は、何《なに》色《いろ》ですか。

❷ あの色《いろ》とは、何色《なにいろ》ですか。四文字《よんもじ》で書《か》きましょう。

❸ フラミンゴのミルクについて、合《あ》うもの一《ひと》つに○をつけましょう。

ア　人《ひと》やウシがのむおっぱいと同《おな》じ。

クトンという小《ちい》さな生《い》きものを食《た》べています。これらのえさに、カロテンとよばれる、赤《あか》い色《いろ》のもとがふくまれています。

カロテンは、親鳥《おやどり》がつくったミルクにもふくまれるので、これをのんだひなは、だんだんピンク色《いろ》になっていくのです。

できるとすごい!

イ　ほかのどうぶつにもらったもの。

ウ　オスでもつくることができる。

4 ひなの体《からだ》の色《いろ》がだんだんかわるのは、なぜですか。□に合《あ》うことばを書《か》きましょう。

親鳥《おやどり》がつくった□に、□□□□がふくまれているから。

次《つぎ》のページで答《こた》えあわせをしよう

答《こた》えとアドバイス

フラミンゴはどうしてピンク色《いろ》？

❷❶あざやかなピンク色《いろ》が目《め》をひくフラミンゴ。でも、生《う》まれたばかりのひなの体《からだ》の色《いろ》は、はい色《いろ》です。つまり、あのピンク色《いろ》は生《う》まれつきではありません。

では、どうやってあの色《いろ》になるのでしょう。

フラミンゴは鳥《とり》のなかまですが、ひなにミルクをあげてそだてます。❸このミルクは、人《ひと》やウシなどがのむ、おっぱいとはちがいます。

親鳥《おやどり》の、のどのおくにある「そのう」というところで、えいようたっぷりのミルクがつくられます。それを、ひなにあたえているのです。このミルクは、オスでもつくることができます。

親鳥《おやどり》は、ふだん、みずうみにすむエビやプラン

❶ 生《う》まれたばかりのひなの体《からだ》は、何《なに》色《いろ》ですか。

はい色

❷ あの色《いろ》とは、何色《なにいろ》ですか。四文字《よんもじ》で書《か》きましょう。

ピンク色

「あの色《いろ》」より前《まえ》の文《ぶん》をよく読《よ》んでみよう。

❸ フラミンゴのミルクについて、合《あ》うもの一《ひと》つに○をつけましょう。

ア 人《ひと》やウシがのむおっぱいと同《おな》じ。

クトンという小《ちい》さな生《い》きものを食《た》べています。これらのえさに、カロテンとよばれる、赤《あか》い色《いろ》のもとがふくまれています。❹カロテンは、親鳥《おやどり》がつくったミルクにもふくまれるので、これをのんだひなは、だんだんピンク色《いろ》になっていくのです。

生《う》まれたときはピンクじゃないなんておどろいたな!

できるとすごい!

イ　ほかのどうぶつにもらったもの。

(ウ)　オスでもつくることができる。

❹ひなの体《からだ》の色《いろ》がだんだんかわるのは、なぜですか。□に合《あ》うことばを書《か》きましょう。

親鳥《おやどり》がつくった［ミルク］に、［カロテン］がふくまれているから。

7行目《ぎょうめ》の「このミルクは」のあとを読《よ》むと、アがまちがいだとわかるね。また、イのないようはどこにも書《か》いてないね。

17行目《ぎょうめ》から19行目《ぎょうめ》までをよく読《よ》んでみよう。

答《こた》えあわせがおわったら、78ページのクイズ14をやってみよう!

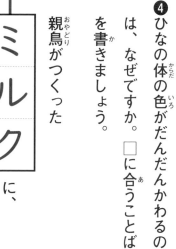

スペシャルもんだい

ゾウの鼻《はな》が長《なが》いのはなぜ？

ゾウの祖先《そせん》は、大《おお》きなイヌぐらいの大《おお》きさで、鼻《はな》はみじかかったといわれています。

広《ひろ》い草原《そうげん》で、草《くさ》を食《た》べてすごしていたゾウの鼻《はな》は、長《なが》い長《なが》い月日《つきひ》をかけて、少《すこ》しずつ長《なが》くなっていきました。

なぜなら、鼻《はな》が長《なが》いと、いいことがたくさんあったのです。

高《たか》いところにある木《き》のはっぱやえだを、鼻《はな》でちぎって口《くち》にはこび、食《た》べられること。ホースのように、鼻《はな》で水《みず》をすいこんではこび、口《くち》からのめること。さらに、鼻《はな》ではこんだ水《みず》やどろを、自分《じぶん》の体《からだ》にあびせて、あつさやかんそうから体《からだ》をまもれること。

とりくんだ日《ひ》

月《がつ》　日《にち》

はじめた時間《じかん》

時《じ》　分《ふん》

おわった時間《じかん》

時《じ》　分《ふん》

❶ゾウの祖先《そせん》は、どのぐらいの大《おお》きさでしたか。□に合《あ》うことばを書《か》きましょう。

大《おお》きな［　　　］ぐらい。

❷鼻《はな》が長《なが》いからできることについて、合《あ》うものすべてに○をつけましょう。

ア　高《たか》い木《き》のはっぱやえだをちぎって、食《た》べられること。

イ　水《みず》をすいこんではこべること。

このように、鼻《はな》を長《なが》くしたおかげで、ゾウは立《た》ったまま、いろいろなことができるようになりました。すると、何《なに》かをしているときにてきがきても、すぐに走《はし》ってにげられるようになったのです。

こうして、長《なが》い鼻《はな》のおかげで、ゾウはあんぜんでべんりなくらしをおくっているのです。

できるとすごい!

ウ　鼻《はな》から水《みず》をのめること。

エ　水《みず》やどろを、てきの体《からだ》にあびせて、自分《じぶん》のみをまもること。

③ 鼻《はな》が長《なが》いおかげで、ゾウはどんなくらしをおくっていますか。□に合《あ》うことばを書《か》きましょう。

□□□□で□□□なくらし。

次《つぎ》のページにも、お話《はなし》ともんだいがつづくよ

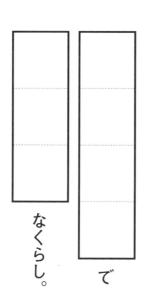

★スペシャルもんだい

ゾウの鼻《はな》が長《なが》いのはなぜ？

ゾウといえば、長《なが》い鼻《はな》だけでなく、大《おお》きな耳《みみ》も目立《めだ》っていますね。どうして、ゾウの耳《みみ》は、あれほど大《おお》きいのでしょう。

どうぶつ園《えん》などでゾウを見《み》ていると、あの大《おお》きな耳《みみ》を、バタバタとうごかしていることがあります。

これは、ゾウがあつさをかんじたときに、するうごきです。さらに気温《きおん》が上《あ》がると、もっとバタバタと耳《みみ》をうごかすようになります。

ゾウの耳《みみ》には、けっかんがたくさんあり、そこをちがながれています。大《おお》きな耳《みみ》をバタバタさせるのは、空気《くうき》に当《あ》てることで、耳《みみ》のひふの下《した》にある、けっかんをながれるちをひやし、ねつをさますためです。

ゾウはあついとき、人《ひと》のようにあせをかいたり、

④ ゾウが耳《みみ》をバタバタとうごかすのは、どんなときですか。一《ひと》つに○をつけましょう。

ア さむさをかんじたとき。

イ あつさをかんじたとき。

ウ かゆみをかんじたとき。

⑤ 耳《みみ》をバタバタとうごかすと、どうなりますか。□に合《あ》うことばを書《か》きましょう。

ながれるちがひえて［　　　　］を

イヌのようにハアハアといきをしたりはしません。
そのかわりに、耳《みみ》をバタバタさせているのです。
こうして、けっかんをながれるちをひやすことで、大《おお》きな体《からだ》があつくなりすぎないよう、体温《たいおん》をちょうせいしているのです。

［　　　］がさめる。

できると すごい！

❻人《ひと》は、耳《みみ》をバタバタとうごかすかわりにどうしますか。（　）に合《あ》うことばを書《か》きましょう。

（　　　）をかく。

❼ゾウは耳《みみ》をバタバタとうごかすことで、何《なに》をちょうせいしていますか。

（　　　）

次《つぎ》のページで答《こた》えあわせをしよう

スペシャルもんだい

68・69ページ

答《こた》えとアドバイス

ゾウの鼻《はな》が長《なが》いのはなぜ?

①ゾウの祖先《そせん》は、大《おお》きなイヌぐらいの大《おお》きさで、鼻《はな》はみじかかったといわれています。広《ひろ》い草原《そうげん》で、草《くさ》を食《た》べてすごしていたゾウの鼻《はな》は、長《なが》い長《なが》い月日《つきひ》をかけて、少《すこ》しずつ長《なが》くなっていきました。

②なぜなら、鼻《はな》が長《なが》いと、いいことがたくさんあったのです。高《たか》いところにある木《き》のはっぱやえだを、鼻《はな》でちぎって口《くち》にはこび、食《た》べられること。ホースのように、鼻《はな》で水《みず》をすいこんではこび、口《くち》からのめること。さらに、鼻《はな》ではこんだ水《みず》やどろを、自分《じぶん》の体《からだ》にあびせて、あつさやかんそうから体《からだ》をまもれること。

①ゾウの祖先《そせん》は、どのぐらいの大《おお》きさでしたか。□に合《あ》うことばを書《か》きましょう。

大《おお》きな［イヌ］ぐらい。

マス目《め》の数《かず》がヒントになるよ！2文字《もじ》でさがそう。

②鼻《はな》が長《なが》いからできることについて、合《あ》うものすべてに○をつけましょう。

(ア) 高《たか》い木《き》のはっぱやえだをちぎって、食《た》べられること。

(イ) 水《みず》をすいこんではこべること。

6行目《ぎょうめ》から13行目《ぎょうめ》までをよく読《よ》んで一《ひと》つずつ考《かんが》えてみよう。

このように、鼻《はな》を長《なが》くしたおかげで、ゾウは立《た》ったまま、いろいろなことができるようになりました。すると、何《なに》かをしているときにてきがきても、すぐに走《はし》ってにげられるようになったのです。

❸こうして、長《なが》い鼻《はな》のおかげで、ゾウは**あんぜん**で**べんり**なくらしをおくっているのです。

できると すごい!

ウ　鼻《はな》から水《みず》をのめること。

エ　水《みず》やどろを、てきの体《からだ》にあびせて、自分《じぶん》のみをまもること。

❸鼻《はな》が長《なが》いおかげで、ゾウはどんなくらしをおくっていますか。□に合《あ》うことばを書《か》きましょう。

［あんぜん］で［べんり］なくらし。

「〜なくらし」と書《か》いてあるところをさがそう。

答《こた》えとアドバイス

ゾウの鼻《はな》が長《なが》いのはなぜ？

ゾウといえば、長《なが》い鼻《はな》だけでなく、大《おお》きな耳《みみ》も目立《めだ》っていますね。どうして、ゾウの耳《みみ》は、あれほど大《おお》きいのでしょう。

どうぶつ園《えん》などでゾウを見《み》ていると、❹あの大《おお》きな耳《みみ》を、バタバタとうごかしていることがあります。

これは、ゾウがあつさをかんじたときに、するうごきです。さらに気温《きおん》が上《あ》がると、もっとバタバタと耳《みみ》をうごかすようになります。

❺ゾウの耳《みみ》には、けっかんがたくさんあり、そこをち・がながれています。大《おお》きな耳《みみ》をバタバタさせるのは、空気《くうき》に当《あ》てることで、耳《みみ》のひふの下《した》にあるけっかんをながれるち・をひやし、ねつをさますためです。

ゾウはあついとき、❻人《ひと》のようにあせをかいたり、

❹ゾウが耳《みみ》をバタバタとうごかすのは、どんなときですか。一《ひと》つに○をつけましょう。

ア　さむさをかんじたとき。

(イ)　あつさをかんじたとき。

ウ　かゆみをかんじたとき。

❺耳《みみ》をバタバタとうごかすと、どうなりますか。□に合《あ》うことばを書《か》きましょう。

［けっかん］をながれるち・がひえて

10行目《ぎょうめ》の「バタバタさせるのは」のあとをよく読《よ》んでみよう。

大《おお》きな体《からだ》をひやすのに大《おお》きな耳《みみ》がやくだっているんだね

イヌのようにハアハアといきをしたりはしません。そのかわりに、耳《みみ》をバタバタさせているのです。こうして、けっかんをながれるちをひやすことで、大《おお》きな体《からだ》があつくなりすぎないよう、7体温《たいおん》をちょうせいしているのです。

できると すごい！

（ねつ）がさめる。

6 人《ひと》は、耳《みみ》をバタバタとうごかすかわりにどうしますか。（　）に合《あ》うことばを書《か》きましょう。

（あせ）をかく。

7 ゾウは耳《みみ》をバタバタとうごかすことで、何《なに》をちょうせいしていますか。

（体温）（または「体おん」）

「〜をちょうせい」と書《か》いてあるところをさがそう。

14行目《ぎょうめ》から16行目《ぎょうめ》でゾウと人《ひと》をくらべて説明《せつめい》しているね。

答《こた》えあわせがおわったら、78ページのクイズ15をやってみよう！

★もっと知《し》りたい！どうぶつのこと③

このページでは、どうぶつにまつわるまめちしきをしょうかいするよ。

ウシのおっぱいは4つある！

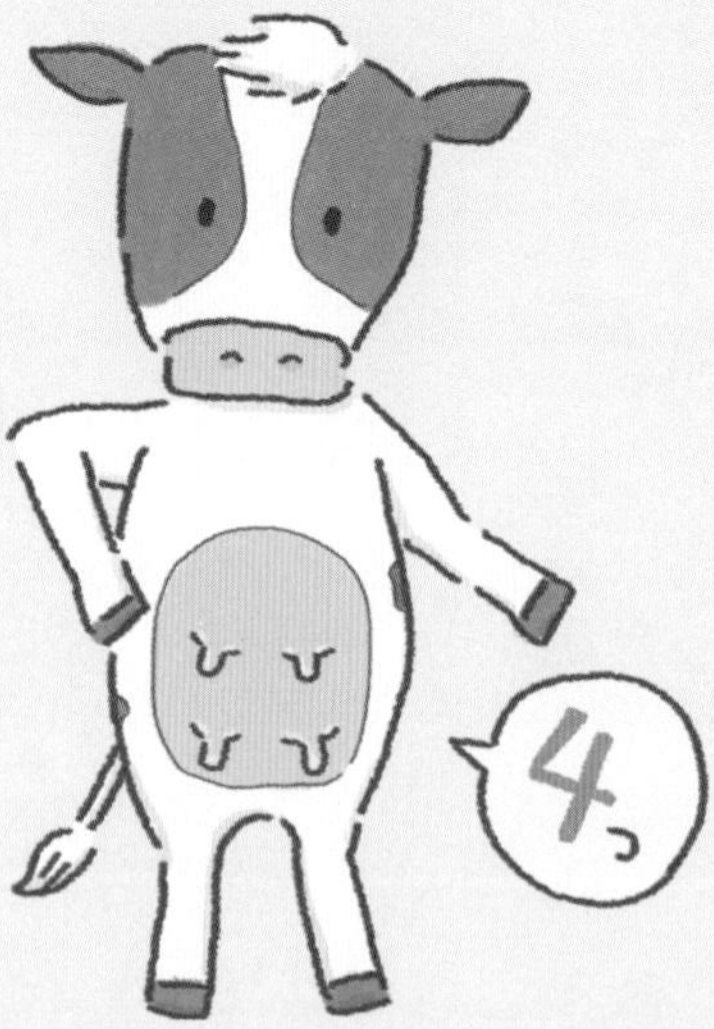

ふりかえってみよう
52・53ページ
『ウシのおっぱいが牛乳《ぎゅうにゅう》って、ほんとう？』

どうぶつは、あかちゃんをうむ数《かず》によって、もっているおっぱいの数《かず》がちがうんだ。ゾウは2つ、ウシとキリンは4つ。イヌは10、ネコは8つくらい。中《なか》には20こいじょうおっぱいをもっているどうぶつもいるよ。

ナマケモノが1日《にち》にたべるのはたった8グラム！

ナマケモノは1日《にち》に、たった8gの葉《は》っぱしか食《た》べないんだ。4つにわかれたいぶくろをもっていて、じかんをかけて消《しょう》化《か》するよ。同《おな》じように木《き》の上《うえ》でくらすコアラは1日《にち》に葉《は》っぱを500gも食《た》べるよ。

ふりかえってみよう
56・57ページ
『ナマケモノは、どうしてめったにうごかないの？』

この本《ほん》をふりかえろう

二週間《にしゅうかん》、お話《はなし》を読《よ》んでみてどうだったかな？
おうちの人《ひと》といっしょに話《はな》してみよう。

どのお話《はなし》が楽《たの》しかった？

お話《はなし》を読《よ》んでびっくりしたことは何《なに》？

もっとくわしく知《し》りたいことはあったかな？

むずかしかったお話《はなし》はある？

お話《はなし》の中《なか》で、自分《じぶん》で見《み》たり、ためしてみたりしたいことはあった？

おうちのかたへ

お子様はどのような内容について興味をもたれたでしょうか。本書では、動物の体の進化や仕組み、生態などさまざまなお話を紹介しました。ここでは、初めて知って驚いたことや、楽しいと思った話題、もっと知りたくなったことなどを、楽しい雰囲気でお子様とお話ししてください。問題が解けたかどうかを振り返るよりも、興味をもったことについて、絵本や読み物をさらに読む中で読解力は身についてきます。

青山由紀

おさらいパズル

とりくんだお話《はなし》のおさらいクイズだよ。（　　）に入《はい》ることばを下《した》の□の㋐〜㋱からえらんで、79ページの同《おな》じ記号《きごう》が書《か》いてあるマスを一《ひと》つぬってね。15マスぬると、絵《え》がかんせいするよ！

★おさらいクイズ★

1 イヌは目《め》で見《み》る力《ちから》より(　　　)でかぐ力《ちから》のほうがすぐれている。

2 ヒグマはさむくて食《た》べものが少《すく》ない冬《ふゆ》に(　　　)をする。

3 ゴリラは(　　　)をして、べつのむれのことを知る。

4 ラッコはねむるとき、長《なが》い(　　　)を体《からだ》にまきつける。

5 カメレオンの体《からだ》の色《いろ》がかわるのは、ひふの下《した》に(　　　)があるから。

6 ウサギは長《なが》い(　　　)で、てきが近《ちか》づいていないかたしかめる。

7 ネコはせまいところを通《とお》るとき、(　　　)で広《ひろ》さをかくにんする。

8 ハムスターはえさを(　　　)につめて、すにはこぶ。

9 ニワトリのせんぞはほかの鳥《とり》たちとちがい、(　　　)でくらしていた。

10 むかしのパンダは体《からだ》の色《いろ》が(　　　)だった。

11 牛乳《ぎゅうにゅう》のもとになるのは、お母《かあ》さんウシの(　　　)。

12 ナマケモノがおしっこやうんちをするのは(　　　)に一《いち》度《ど》ほど。

13 ツバメは春《はる》に、南《みなみ》の国《くに》から日本《にっぽん》へきて(　　　)をする。

14 フラミンゴのひなは、(　　　)色《いろ》からピンク色《いろ》に体《からだ》の色《いろ》がかわる。

15 ゾウが大《おお》きな耳《みみ》を動《うご》かすのは、(　　　)をちょうせいしている。

㋐ポケット　㋑あせ　㋒じめん　㋓はい　㋔ちゃ　㋕耳《みみ》　㋖鼻《はな》　㋗たね
㋘しっぽ　㋙白《しろ》　㋚体温《たいおん》　㋛うみ　㋜冬《とう》みん　㋝おなか　㋞血《けつ》えき
㋟海《かい》そう　㋠トラミンク　㋡子《こ》そだて　㋢色《いろ》のつぶ　㋣した　㋤ほおぶくろ
㋥前《まえ》あし　㋦まっ黒《くろ》　㋧かり　㋨手《て》　㋩ドラミング　㋪けっかん
㋫一週間《いっしゅうかん》　㋬ひれ　㋭三日《みっか》　㋮ひげ　㋯しょうか　㋰一年《いちねん》　㋱ひるね

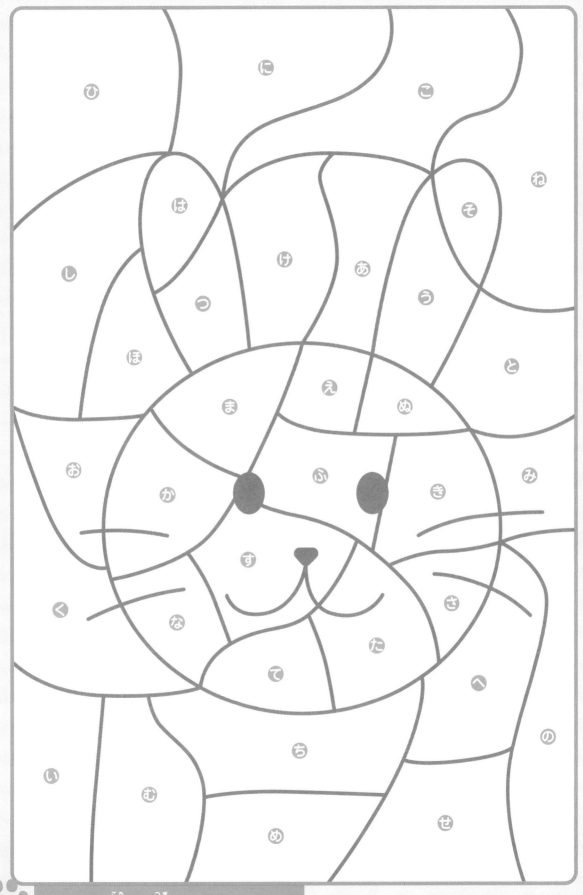

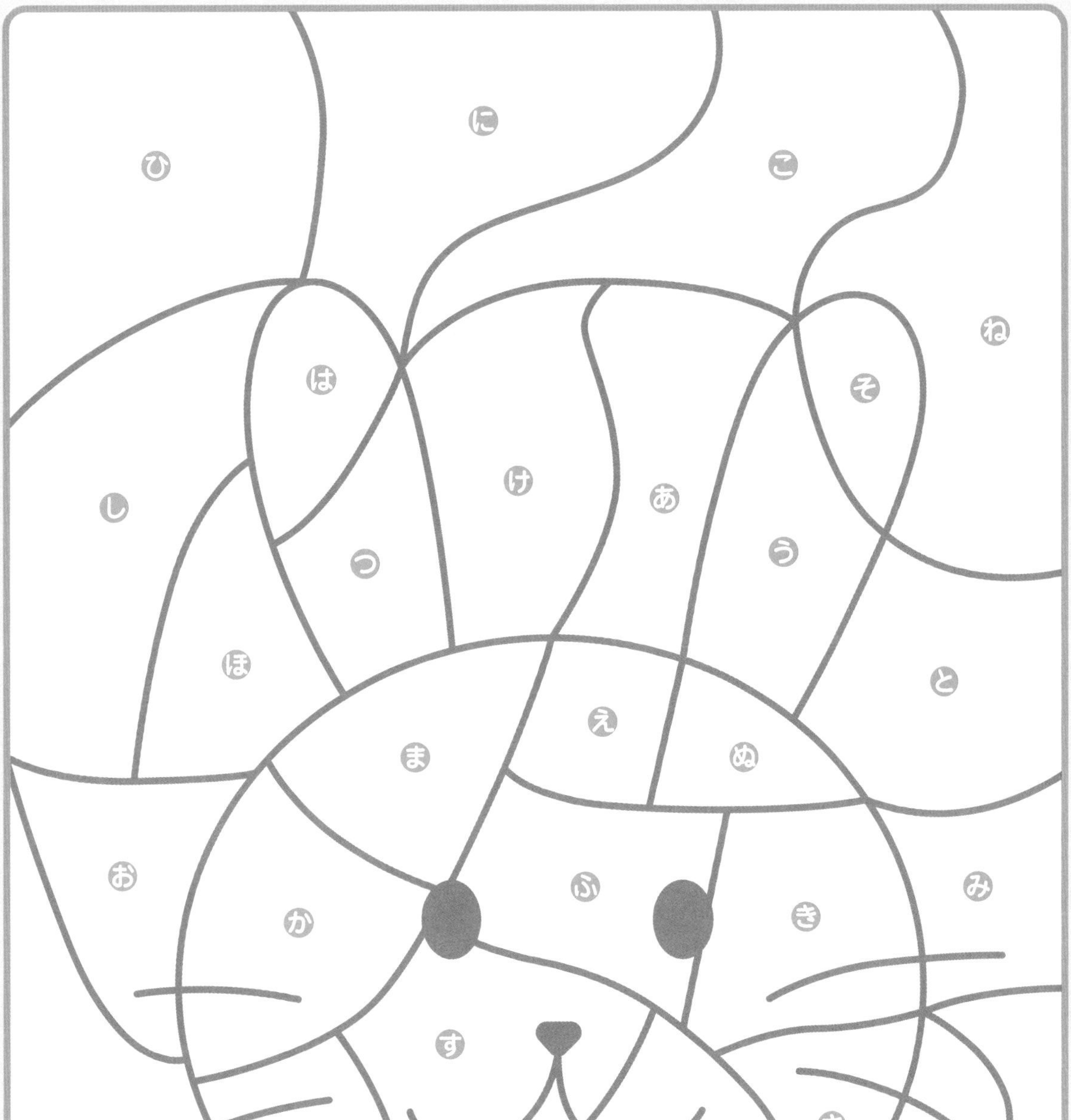

パズルの答《こた》えは次《つぎ》のページにあるよ

監修者

青山 由紀(あおやま ゆき)

東京生まれ。筑波大学附属小学校教諭、筑波大学非常勤講師。

主な著書に『こくごの図鑑』(小学館)、『子どもを国語好きにする授業アイデア』(学事出版)、監修書に『オールカラー　マンガで身につく！四字熟語辞典』(ナツメ社)などがある。

日本国語教育学会常任理事、全国国語授業研究会常任理事、光村図書国語・書写教科書編集委員。

小菅 正夫(こすげ まさお)

獣医師。旭川市旭山動物園元園長、北海道大学客員教授。1948年、北海道生まれ。10年以上続けているNHKラジオセンター「子ども科学電話相談」での回答は、ライフワークのひとつとなっている。主な監修に『角川の集める図鑑GET! 動物』、著書に『生きる意味って何だろう？』『「旭山動物園」革命』(以上、KADOKAWA)など多数。

- お話作成　たかはしみか
- キャラクターイラスト　松本麻希
- 挿絵　イケガメシノ
- コラム挿絵　ナシエ
- 本文デザイン・DTP　株式会社クラップス
- 校正　村井みちよ
- 編集協力　株式会社KANADEL、高橋みか
- 編集担当　横山美穂(ナツメ出版企画株式会社)

78・79ページの答《こた》え

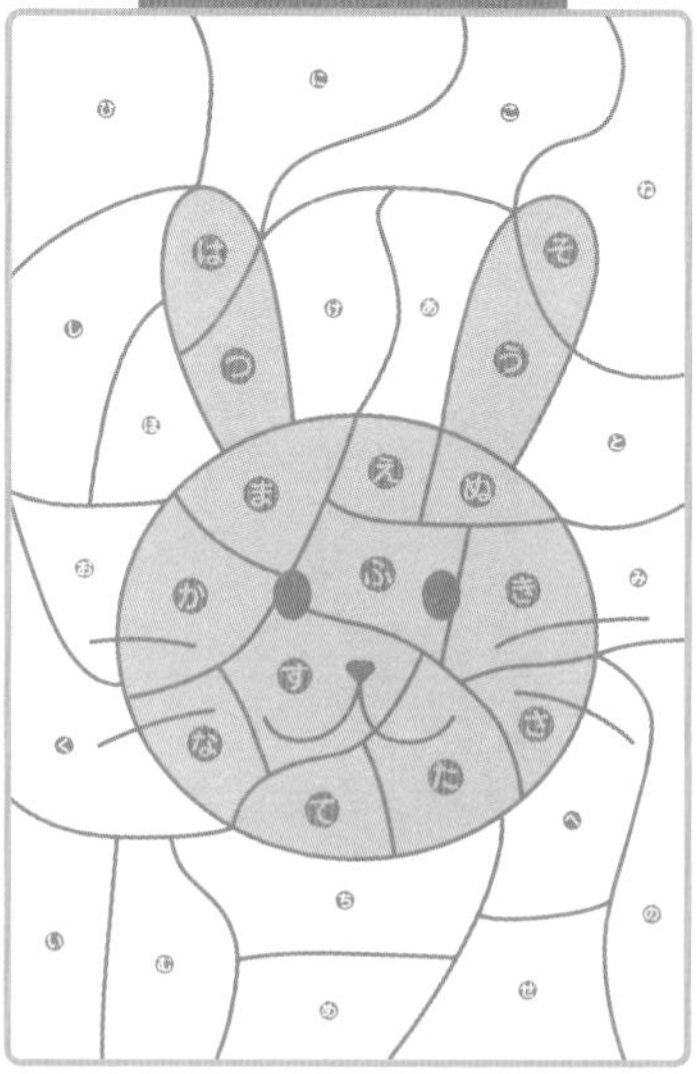

1 き　2 す　3 は　4 た　5 て
6 か　7 ま　8 な　9 う　10 ぬ
11 そ　12 ふ　13 つ　14 え　15 さ

わくわくストーリードリル

どうぶつのふしぎ

2024年3月14日　初版発行

監修者　青山由紀《あおやまゆき》
小菅正夫《こすげまさお》

発行者　田村正隆

発行所　株式会社ナツメ社
東京都千代田区神田神保町1-52　ナツメ社ビル１Ｆ（〒101-0051）
電話 03(3291)1257（代表）　FAX 03(3291)5761
振替 00130-1-58661

制　作　ナツメ出版企画株式会社
東京都千代田区神田神保町1-52　ナツメ社ビル３Ｆ（〒101-0051）
電話 03(3295)3921（代表）

印刷所　株式会社リーブルテック

ISBN978-4-8163-7497-5　Printed in Japan

本書に関するお問い合わせは、書名・発行日・該当ページを明記の上、下記のいずれかの方法にてお送りください。電話でのお問い合わせはお受けしておりません。
・ナツメ社 webサイトの問い合わせフォーム
https://www.natsume.co.jp/contact
・FAX(03-3291-1305)
・郵送(左記、ナツメ出版企画株式会社宛て)
なお、回答までに日にちをいただく場合があります。正誤のお問い合わせ以外の書籍内容に関する解説・個別の相談は行っておりません。あらかじめご了承ください。